U0621074

高等职业教育“十三五”规划教材

# 基础数学(上)

主编　周孝康　贺龙友　王　云

北京航空航天大学出版社

## 内 容 简 介

本套教材是根据教育部《国家中长期教育改革和发展规划纲要(2010—2020年)》精神,按照教育部对职业学校数学大纲的要求,紧紧围绕培养高素质技能应用人才的目标,组织长期在一线教学的数学专家及教师根据专业的需求编写而成。

本套教材分上、下册出版。本书是上册,共分8章,内容分别为集合、不等式、函数、数列、三角函数、三角恒等变形、解三角形及平面向量。

本书结构合理,详略恰当,形式灵活,配有较丰富的例题及习题,基本教学学时为160学时左右,可作为各类职业学校的教师和学生的教学用书。

**图书在版编目(CIP)数据**

基础数学. 上 / 周孝康,贺龙友,王云主编. -- 北京 : 北京航空航天大学出版社, 2017.7

ISBN 978-7-5124-2415-9

Ⅰ. ①基… Ⅱ. ①周… ②贺… ③王… Ⅲ. ①高等数学—高等职业教育—教材 Ⅳ. ①O13

中国版本图书馆CIP数据核字(2017)第110698号



**基础数学(上)**

主编 周孝康 贺龙友 王 云

责任编辑 冯 颖 周世婷

*

北京航空航天大学出版社出版发行

北京市海淀区学院路37号(邮编100191) http://www.buaapress.com.cn

发行部电话:(010)82317024 传真:(010)82328026

读者信箱:goodtextbook@126.com 邮购电话:(010)82316936

北京九州迅驰传媒文化有限公司印装 各地书店经销

*

开本:787×1 092 1/16 印张:10 字数:256千字

2017年7月第1版 2022年8月第5次印刷 印数:4 501~5 000册

ISBN 978-7-5124-2415-9 定价:29.00元

---

若本书有倒页、脱页、缺页等印装质量问题,请与本社发行部联系调换。联系电话:(010)82317024

# 前　　言

随着我国职业教育的迅速发展，中高职衔接已成为我国职业教育培养高技能人才的重要途径，对职业教育的发展至关重要。

为顺应时代发展要求，构建具有时代特点的现代职业教育体系，全面推进我国中等和专科层次职业教育人才培养的有效衔接，系统培养技术人才，根据教育部对职业学校基础学科教学大纲的要求，编写了本套丛书(共有基础数学、基础英语和基础语文三个学科的教材)。在编写时，严格按照教学大纲对课程教学目标的要求，同时结合在校学生的现状和特点，以其在学习中遇到的困难及存在的问题，对症施治，重点突破，围绕制约中高职有效衔接的主要问题，抓住主要矛盾和关键环节，旨在培养学生良好的学习习惯和行为习惯，提高学生的文化知识水平。

本教材具有以下特点：

1. 体现职业教育"以服务为宗旨，以就业为导向"的教学方针。

2. 遵循"以教会、学会为目的，以必修、够用为准绳"的编写原则。

3. 关注中职学生的认知特点和学习能力，力求做到语言浅显易懂，重点突出，基本概念叙述准确。

4. 注重基本概念和基本方法的教学，提高学生的数学思考能力，培养学生主动学习和创新思维能力。

在编写过程中，作者参考了大量的文献资料，并得到很多老师和出版社工作人员的帮助，在此表示由衷的感谢。

编　者

2017 年 3 月

# 目　　录

# 本书常用符号

| | |
|---|---|
| $x \in A$ | $x$ 属于 $A$；$x$ 是集合 $A$ 的一个元素 |
| $y \notin A$ | $y$ 不属于 $A$；$y$ 不是集合 $A$ 的一个元素 |
| $\{a,b,c,\cdots,n\}$ | 由 $a,b,c,\cdots,n$ 诸元素构成的集合 |
| $\{x \mid P(x)$ 且 $x \in A\}$ | 满足条件 $P(x)$ 的 $A$ 中诸元素的集合 |
| $\varnothing$ | 空集 |
| $\{0\}$ | 由单个元素 0 构成的集合 |
| $\mathbf{N}$ | 自然数集；非负整数集 |
| $\mathbf{N}^*$ | 正整数集 |
| $\mathbf{Z}$ | 整数集 |
| $\mathbf{Q}$ | 有理数集 |
| $\mathbf{R}$ | 实数集 |
| $B \subseteq A$ | $B$ 包含于 $A$；$B$ 是 $A$ 的子集 |
| $B \subsetneqq A$ | $B$ 真包含于 $A$；$B$ 是 $A$ 的真子集 |
| $B \not\subseteq A$ | $B$ 不包含于 $A$；$B$ 不是 $A$ 的子集 |
| $A \cup B$ | $A$ 与 $B$ 的并集 |
| $A \cap B$ | $A$ 与 $B$ 的交集 |
| $\complement_A B$ | $A$ 中子集 $B$ 的补集或余集 |
| $[a,b]$ | 实数集 $\mathbf{R}$ 中 $a$ 到 $b$ 的闭区间 |
| $(a,b)$ | 实数集 $\mathbf{R}$ 中 $a$ 到 $b$ 的开区间 |
| $[a,b)$ | 实数集 $\mathbf{R}$ 中 $a$ 到 $b$ 的左闭右开区间 |
| $(a,b]$ | 实数集 $\mathbf{R}$ 中 $a$ 到 $b$ 的左开右闭区间 |
| $\sin x$ | $x$ 的正弦 |
| $\cos x$ | $x$ 的余弦 |
| $\tan x$ | $x$ 的正切 |
| $\cot x$ | $x$ 的余切 |
| $\sin^2 x$ | $\sin x$ 的平方 |
| $\cos^2 x$ | $\cos x$ 的平方 |
| $\arcsin x$ | $x$ 的反正弦 |
| $\arccos x$ | $x$ 的反余弦 |
| $\arctan x$ | $x$ 的反正切 |
| $\boldsymbol{a}$ | 向量 $\boldsymbol{a}$ |
| $\lvert\boldsymbol{AB}\rvert$ | 向量 $\boldsymbol{AB}$ 的长度或模 |
| $\boldsymbol{i},\boldsymbol{j}$ | 平面直角坐标系中 $x$ 轴，$y$ 轴方向的单位向量 |
| $\boldsymbol{a}/\!/\boldsymbol{b}$ | 向量 $\boldsymbol{a}$ 与向量 $\boldsymbol{b}$ 平行(共线) |

| | |
|---|---|
| $\boldsymbol{a} \perp \boldsymbol{b}$ | 向量$\boldsymbol{a}$ 与向量$\boldsymbol{b}$ 垂直 |
| $<\boldsymbol{a},\boldsymbol{b}>$ | 向量$\boldsymbol{a}$ 与向量$\boldsymbol{b}$ 的夹角 |
| $\boldsymbol{a}+\boldsymbol{b}$ | 向量$\boldsymbol{a}$ 与向量$\boldsymbol{b}$ 的和 |
| $\boldsymbol{a}-\boldsymbol{b}$ | 向量$\boldsymbol{a}$ 与向量$\boldsymbol{b}$ 的差 |
| $\lambda\boldsymbol{a}$ | 实数$\lambda$ 与向量$\boldsymbol{a}$ 的积 |
| $\boldsymbol{a} \cdot \boldsymbol{b}$ | 向量$\boldsymbol{a}$ 与$\boldsymbol{b}$ 的数量积 |

# 第1章　集　合

集合是基本的数学语言,充要条件是逻辑知识的基本概念.学习这些知识,对客观世界中的对象进行描述和分类研究,可为进一步学好数学打下良好的基础.

## 1.1　集合的概念

### 1.1.1　集合与元素

**★ 新知识点**

**1. 集合的定义**

实例观察:太平洋、大西洋、印度洋、北冰洋是地球上的四大洋,我们就说,太平洋、大西洋、印度洋、北冰洋组成了"地球上的四大洋"的集合,太平洋、大西洋、印度洋、北冰洋都是这个集合的元素.

一般地,由某些确定的对象组成的整体称为集合,简称集.组成集合的对象称为这个集合的元素.

集合通常用大写的英文字母 $A,B,C,\cdots$ 表示,集合的元素通常用小写的英文字母 $a,b,c,\cdots$ 表示.

对于集合 $A$,若 $a$ 是集合 $A$ 的元素,就说 $a$ 属于 $A$,记为 $a\in A$;若 $a$ 不是集合 $A$ 的元素,就说 $a$ 不属于 $A$,记为 $a\notin A$.

**提醒:**组成集合的对象一定是确定的,如"我国的小河流"就不能组成一个集合,因为组成它的对象是不确定的.

**2. 常用数集**

通常采用特定的大写英文字母表示下列几个常用数集:

所有的自然数组成的集合称为自然数集,记为 $\mathbf{N}$;

所有的正整数组成的集合称为正整数集,记为 $\mathbf{N}^*$;

所有的整数组成的集合称为整数集,记为 $\mathbf{Z}$;

所有的有理数组成的集合称为有理数集,记为 $\mathbf{Q}$;

所有的实数组成的集合称为实数集,记为 $\mathbf{R}$.

**3. 集合的分类**

一个集合可以包含有限个元素,也可以包含无限个元素.含有限个元素的集合称为有限集,如方程 $x^2-9=0$ 的解集;含无限个元素的集合称为无限集,如数集 $\mathbf{N},\mathbf{Z},\mathbf{Q},\mathbf{R}$ 等.

特别地,不含任何元素的集合称为空集,记为$\varnothing$.例如:由大于 2 且小于 1 的实数组成的集合就是空集.

### ★ 知识巩固

**例 1** 判断下列对象能否组成集合.

(1) 所有小于 5 的自然数;

(2) 所有短发的女生;

(3) 方程 $x^2-2x=0$ 的所有解;

(4) 不等式 $x-1<0$ 的所有解.

**解** (1) 小于 5 的自然数为:0,1,2,3,4 五个数,它们是确定的对象,所以可以组成集合.

(2) 由于短发无具体的标准,对象是不确定的,因此不能组成集合.

(3) 方程 $x^2-2x=0$ 的解为 0 和 2,它们是确定的对象,所以可以组成集合.

(4) 解不等式 $x-1<0$,得 $x<1$,它们是确定的对象,所以可以组成集合.

**例 2** 用符号"$\in$"或"$\notin$"填空.

(1) $-2$ ____ **N**, $-2$ ____ **Z**, $-2$ ____ **Q**, $-2$ ____ **R**;

(2) 0 ____ **N**, 0 ____ **Z**, 0 ____ **Q**, 0 ____ **R**;

(3) 0.2 ____ **N**, 0.2 ____ **Z**, 0.2 ____ **Q**, 0.2 ____ **R**;

(4) $\pi$ ____ **N**, $\pi$ ____ **Z**, $\pi$ ____ **Q**, $\pi$ ____ **R**;

**解** (1) $\notin,\in,\in,\in$; (2) $\in,\in,\in,\in$;

(3) $\notin,\notin,\in,\in$; (4) $\notin,\notin,\notin,\in$.

### 课堂练习 1.1.1

1. 判断下列对象能否构成集合.

(1) 1~20 以内的所有质数;

(2) 26 个英文字母;

(3) 美丽的小鸟.

2. 用符号"$\in$"或"$\notin$"填空.

$-1$ ____$\varnothing$, $-1$ ____ **N**, $-1$ ____ **Z**, $-1$ ____ **Q**, $-1$ ____ **R**

3. 在下列集合中,哪些集合是空集?

(1) 方程 $x^2+4=0$ 的解集;(2) 方程 $x^2-4=0$ 的解集.

## 1.1.2 集合的表示方法

### ★ 新知识点

常用的集合表示方法有列举法和描述法.

**1. 列举法**

在大括号中将集合中的元素一一列举出来,元素之间用逗号隔开的集合表示方法称为列举法.

例如:(1) 由大于 3 且小于 10 的所有偶数组成的集合记为$\{4,6,8\}$.

(2) 方程 $x^2-3=0$ 的解集记为$\{-\sqrt{3},\sqrt{3}\}$.

(3) 由小于 50 的所有自然数组成的集合记为$\{0,1,2,\cdots,49\}$.

**提醒:** 集合的元素是无序的、互异的. 如$\{-1,1\}$和$\{1,-1\}$是同一集合；方程 $x^2-2x+1=0$ 解集，记为$\{1\}$，不能记为$\{1,1\}$.

**2. 描述法**

在大括号中将集合中元素的公共属性描述出来的集合表示方法称为描述法. 其一般模式为$\{x|P\}$，其中 $x$ 为代表元素，$P$ 为集合中元素的公共属性.

例如：(1) 小于 5 的所有实数组成的集合记为$\{x|x<5$ 且 $x\in\mathbf{R}\}$，其中 $x\in\mathbf{R}$ 可省略不写，简记为$\{x|x<5\}$.

(2) 所有直角三角形的集合记为$\{x|x$ 是直角三角形$\}$，由于不会引起混淆，可简记为{直角三角形}.

## ★ 知识巩固

**例 3**　用列举法表示下列集合.

(1) 英语单词 good 中字母组成的集合；

(2) 方程 $x^2-3x-4=0$ 的解集.

**解**　(1) 由于集合中元素不能重复，相同的只写一次，从而集合表示为{g,o,d}.

(2) 由 $x^2-3x-4=0$ 得 $x_1=-1$，$x_2=4$，从而该方程解集表示为$\{-1,4\}$.

**例 4**　用描述法表示下列集合.

(1) 大于 3 的所有奇数组成的集合.

(2) 不等式 $2x+1\leqslant 0$ 的解集；

(3) 由第一象限所有点组成的集合.

**解**　(1) 集合表示为$\{x|x>3$ 且 $x=2k+1,k\in\mathbf{Z}\}$.

(2) 集合表示为$\left\{x\,\middle|\,x\leqslant -\dfrac{1}{2}\right\}$.

(3) 集合表示为$\{(x,y)|x>0$ 且 $y>0\}$.

## 课堂练习 1.1.2

1. 用列举法表示下列集合.

(1) 方程 $x^2+2x=0$ 的解集；　　(2) 方程 $2x+1=0$ 的解集；

(3) 由数 1,4,9,16 组成的集合；　　(4) 所有正奇数组成的集合.

2. 用描述法表示下列集合.

(1) 由绝对值小于 3 的整数组成的集合；　　(2) 所有正实数组成的集合；

(3) 由第四象限所有点组成的集合；　　(4) 不等式 $2x-3<7$ 的解集.

3. 若集合 $A=\{3,x+2,5\}$，则由 $x$ 的所有取值组成的集合可表示为__________.

# 习题 1.1

1. 下列集合中，哪些是空集？哪些是有限集？哪些是无限集？

(1) $\{x|x+1=1\}$；　　(2) $\{x|x^2+1=0\}$；

(3) $\{(x,y)|y=x-1\}$；　　(4) $\{x|-5\leqslant x<5\}$.

2. 用列举法表示下列集合.

(1) 一年中有 31 天的月份组成的集合;　(2) 方程 $x^2-5x-6=0$ 的解集;

(3) 小于 4 的所有自然数组成的集合;　(4) 15 以内的质数组成的集合.

3. 用描述法表示下列集合.

(1) 小于 4 的所有整数组成的集合;　(2) $y$ 轴上的所有点组成的集合;

(3) 自然数中所有偶数组成的集合;　(4) 不等式 $3x-4>5$ 的解集.

4. 把下列集合用另一种集合表示法表示出来.

(1) $\{1,5\}$;　(2) $\{x|x^2+x-1=0\}$;

(3) $\{2,4,6,8\cdots\}$;　(4) $\{x|3<x<7,x\in\mathbf{N}\}$.

# 1.2　集合间的关系

**★ 新知识点**

## 1.2.1　子　集

实例观察:集合 $A=\{$语文,数学,英语,体育$\}$,集合 $B=\{$语文,数学,英语$\}$,可以发现集合 $B$ 中元素都是集合 $A$ 的元素,那么集合 $A$ 与 $B$ 之间有什么关系呢?

**1. 定　义**

若集合 $B$ 的元素都是集合 $A$ 的元素,则称集合 $B$ 是集合 $A$ 的子集,记作 $B\subseteq A$(或 $A\supseteq B$),读作"$B$ 包含于 $A$"(或"$A$ 包含 $B$").

集合 $B$ 是集合 $A$ 的子集,可用图 1-1 直观表示,其中两个封闭曲线的内部分别表示集合 $A$ 和集合 $B$.

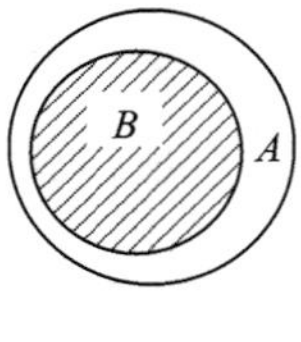

图 1-1

**2. 性　质**

(1) 规定空集是任何集合的子集,即对集合 $A$ 有 $\varnothing\subseteq A$;

(2) 任何一个集合 $A$ 都是它自身的子集,即 $A\subseteq A$;

(3) 对于集合 $A,B,C$,若 $C\subseteq B$,$B\subseteq A$,则 $C\subseteq A$.

**提醒:** 对于集合 $\varnothing$,$\{0\}$,$\mathbf{N},\mathbf{Z},\mathbf{Q},\mathbf{R}$ 等常用数集,有 $\varnothing\subseteq\{0\}\subseteq\mathbf{N}\subseteq\mathbf{Z}\subseteq\mathbf{Q}\subseteq\mathbf{R}$.

## 1.2.2　真子集

**1. 定　义**

若集合 $B$ 是集合 $A$ 的子集.并且 $A$ 中至少有一个元素不属于 $B$,则称集合 $B$ 是集合 $A$ 的真子集,记作 $B\subsetneqq A$(或 $A\supsetneqq B$),读作"$B$ 真包含于 $A$"(或"$A$ 真包含 $B$").

例如:集合 $A=\{0,1,2,3\}$,$B=\{1,2,3\}$.显然 $B\subseteq A$ 且 $0\in A$,但 $0\notin B$,从而集合 $B$ 是集合 $A$ 的真子集,即 $B\subsetneqq A$.

**2. 性　质**

(1) 空集是任何非空集合的真子集,即若 $A\neq\varnothing$,则 $\varnothing\subsetneqq A$;

(2) 对于集合 $A,B,C$,若 $C\subsetneqq B$,$B\subsetneqq A$,则 $C\subsetneqq A$.

**提醒:** 对于集合 $\varnothing$,$\{0\}$,$\mathbf{N},\mathbf{Z},\mathbf{Q},\mathbf{R}$ 等常用数集,有 $\varnothing\subsetneqq\{0\}\subsetneqq\mathbf{N}\subsetneqq\mathbf{Z}\subsetneqq\mathbf{Q}\subsetneqq\mathbf{R}$.

## 1.2.3 相　等

**1. 定　义**

若集合 $A$ 和集合 $B$ 的元素完全相同，则称集合 $A$ 与集合 $B$ 相等，记作 $A=B$，读作“$A$ 等于 $B$”.

例如：集合 $A=\{x|x^2-3x+2=0\}$，$B=\{1,2\}$. 显然 $x^2-3x+2=0$ 解集为 $\{1,2\}$，故集合 $A$ 和集合 $B$ 的元素完全相同，所以有 $A=B$.

**2. 性　质**

对于集合 $A,B$，若 $A\subseteq B$，$B\subseteq A$，则 $A=B$，反之亦然.

### ★ 知识巩固

**例 1**　用适当的符号（$\in$，$\notin$，$\subsetneqq$，$\supsetneqq$，$=$）填空.

(1) $\{x|x^2=9\}$____$\{3\}$；

(2) $\varnothing$____$\{0,1,2\}$；

(3) $\{x|x>1\}$____$\{x|x>-1\}$；

(4) $\{x|x-1=0\}$____$\{1\}$；

(5) $0$____$\{0\}$；

(6) $\{x||x|=2\}$____$\{x|x^2-4=0\}$.

**解**　(1) 由于 $x^2=9$，有 $x_1=-3$，$x_2=3$，解集为 $\{-3,3\}$，所以 $\{x|x^2=9\}\supsetneqq\{3\}$.

(2) 空集是任何非空集合的真子集，所以 $\varnothing\subsetneqq\{0,1,2\}$.

(3) 显然 $\{x|x>1\}$ 的元素，均是 $\{x|x>-1\}$ 的元素，并且 $\{x|x>-1\}$ 中至少有一个元素 0 不属于 $\{x|x>1\}$，所以 $\{x|x>1\}\subsetneqq\{x|x>-1\}$.

(4) 方程 $x-1=0$ 的解为 $x=1$，故解集为 $\{1\}$，所以有 $\{x|x-1=0\}=\{1\}$.

(5) 0 是集合 $\{0\}$ 的元素，所以 $0\in\{0\}$.

(6) 方程 $|x|=2$ 解为 $x_1=-2$，$x_2=2$，故解集为 $\{-2,2\}$. 方程 $x^2-4=0$ 解为 $x_1=-2$，$x_2=2$，故解集为 $\{-2,2\}$. 所以两集合元素完全相同，故有 $\{x||x|=2\}=\{x|x^2-4=0\}$.

**例 2**　写出集合 $A=\{a,b,c\}$ 的所有子集和真子集.

**解**　集合 $A$ 中有 3 个元素，其子集为

第一类：空集 $\varnothing$；

第二类：含一个元素的集合 $\{a\}$，$\{b\}$，$\{c\}$；

第三类：含二个元素的集合 $\{a,b\}$，$\{b,c\}$，$\{a,c\}$；

第四类：含三个元素的集合 $\{a,b,c\}$.

故集合 $A$ 的子集为 $\varnothing$，$\{a\}$，$\{b\}$，$\{c\}$，$\{a,b\}$，$\{b,c\}$，$\{a,c\}$，$\{a,b,c\}$.

在上述集合中，排除集合 $A$ 自身 $\{a,b,c\}$ 外，其余的集合为真子集，即 $\varnothing$，$\{a\}$，$\{b\}$，$\{c\}$，$\{a,b\}$，$\{b,c\}$，$\{a,c\}$.

**提醒：**若集合 $A$ 有 $n$ 个元素，则它共有 $2^n$ 个子集，$2^n-1$ 个真子集.

## 课堂练习 1.2

1. 用适当符号（$\in$、$\notin$、$\subsetneqq$、$\supsetneqq$、$=$）填空.

(1) {正三角形}____{三角形}；　　(2) $\{x||x|=9\}$____$\{-3,3\}$；

(3) $\{4,1\}$____$\{1,2,3,4\}$；　　(4) $\varnothing$____$\{1,2\}$；

(5) $\{2,4,6\}$____$\{6,4\}$；　　(6) $\{0\}$____$\varnothing$.

2. 指出下列集合间的关系.

(1) $A=\{1,2,4\}$　　$B=\{x|x$ 是 8 的约数$\}$；

(2) $A=\{x|3\leqslant x\leqslant 5\}$　　$B=\{3,4,5\}$；

(3) $A=\{x|x^2-2x-8=0\}$　　$B=\{-2,4\}$；

(4) $A=\{x|x=2k,k\in \mathbf{Z}\}$；　　$B=\{x|x=4k,k\in \mathbf{Z}\}$.

## 习题 1.2

1. 用适当符号($\in$、$\notin$、$\subsetneqq$、$\supsetneqq$、$=$)填空.

(1) $\frac{1}{2}$____ $\mathbf{Z}$；　　(2) 1 ____$\{x|x^3=1\}$；

(3) $\mathbf{N}^*$ ____ $\mathbf{Q}$；　　(4) $\{1,2,4\}$____$\{x|x$ 是 4 的正约数$\}$；

(5) $\varnothing$____$\{x||x|=0\}$；　　(6) $\{x|x\leqslant 4\}$____$\{1,2,3,4\}$.

2. 指出下列集合间的关系.

(1) $A=\{$矩形$\}$　　$B=\{$平行四边形$\}$；

(2) $A=\{x|x>1\}$　　$B=\{x|2\leqslant x<10\}$；

(3) $A=\{x|x^2-x=0\}$　　$B=\{0,1\}$；

(4) $A=\{x|x=2k+1,k\in \mathbf{Z}\}$　　$B=\{x|x=4k+1,k\in \mathbf{Z}\}$.

3. 集合 $A=(1,3,a)$，$B=\{1,a^2-a+1\}$，$A\supseteq B$，求 $a$ 的值.

4. 若$\varnothing\subsetneqq A\subseteq\{1,2\}$，求满足条件的集合 $A$.

# 1.3　集合的运算

## 1.3.1　交　集

### ★ 新知识点

**1. 定　义**

实例观察：由 4 的正约数组成的集合为 $A=\{1,2,4\}$，由 6 的正约数组成的集合为 $B=\{1,2,3,6\}$，而由 6 和 4 的正公约数组成的集合为 $C=\{1,2\}$，显然集合 $C$ 是集合 $A$ 与集合 $B$ 的公共元素组成的集合.

一般地，对于给定的集合 $A$，$B$，由既属于 $A$ 又属于 $B$ 的所有元素组成的集合称为 $A$ 与 $B$ 的交集，记作 $A\cap B$，读作“$A$ 交 $B$”，即

$$A\cap B=\{x\mid x\in A \text{ 且 } x\in B\}.$$

集合 $A$ 与 $B$ 的交集可用图 1-2 中阴影部分表示.

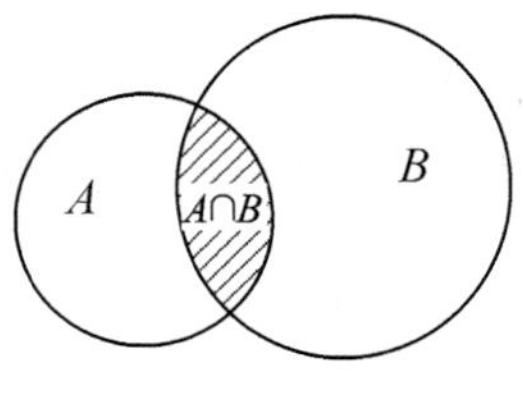

图 1-2

例如：上实例中，$A\cap B=\{1,2,4\}\cap\{1,2,3,6\}=\{1,2\}=C$.

**2. 性 质**

(1) $A\cap B=B\cap A\subseteq A$(或 $B$).

(2) $\varnothing\cap A=\varnothing$, $A\cap A=A$.

(3) 若 $A\subseteq B$, 则 $A\cap B=A$.

**提醒**:若两集合 $A$, $B$ 无公共元素,则 $A\cap B=\varnothing$.

## ★ 知识巩固

**例1** 设 $A=\{0,2,4\}$, $B=\{-1,0,1\}$,求 $A\cap B$.

**解** $A\cap B=\{0,2,4\}\cap\{-1,0,1\}=\{0\}$.

**例2** 设 $A=\{x\mid -1\leqslant x<2\}$, $B=\{x\mid 0<x\leqslant 3\}$,求 $A\cap B$.

**解** $A\cap B=\{x\mid -1\leqslant x<2\}\cap\{x\mid 0<x\leqslant 3\}=\{x\mid 0<x<2\}$.

数轴上表示为

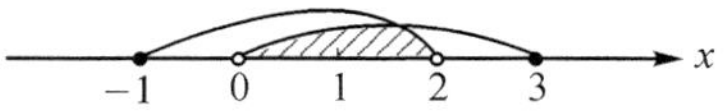


**例3** 设 $A=\{(x,y)\mid x+y=3\}$, $B=\{(x,y)\mid x-y=1\}$,求 $A\cap B$.

**解** $A\cap B=\{(x,y)\mid x+y=3\}\cap\{(x,y)\mid x-y=1\}$

$$=\left\{(x,y)\,\middle|\,\begin{cases}x+y=3\\x-y=1\end{cases}\right\}=\left\{(x,y)\,\middle|\,\begin{cases}x=2\\y=1\end{cases}\right\}=\{(2,1)\}.$$

## 课堂练习 1.3.1

1. 设 $A=\{-1,0,1\}$, $B=\{-1,1,3,5\}$,求 $A\cap B$.
2. 设 $A=\{(x,y)\mid x-2y=1\}$, $B=\{(x,y)\mid x+2y=3\}$,求 $A\cap B$.
3. 设 $A=\{x\mid -2\leqslant x<2\}$, $B=\{x\mid 0\leqslant x\leqslant 4\}$,求 $A\cap B$.

## 1.3.2 并 集

## ★ 新知识点

**1. 定 义**

实例观察:方程 $x^2-1=0$ 的解集为 $\{-1,1\}$,方程 $x^2-2=0$ 的解集为 $\{-\sqrt{2},\sqrt{2}\}$,而方程 $(x^2-1)(x^2-2)=0$ 的解集为 $\{-\sqrt{2},-1,1,\sqrt{2}\}$,显然集合 $\{-\sqrt{2},-1,1,\sqrt{2}\}$ 是集合 $\{-1,1\}$ 与集合 $\{-\sqrt{2},\sqrt{2}\}$ 的所有元素组成的集合.

一般地,对于给定的集合 $A$, $B$,由集合 $A$, $B$ 的所有元素组成的集合称为并集,记作 $A\cup B$,读作"$A$ 并 $B$",即

$$A\cup B=\{x\mid x\in A \text{ 或 } x\in B\}$$

集合 $A$ 与 $B$ 的并集可用图 1-3 中阴影部分表示.

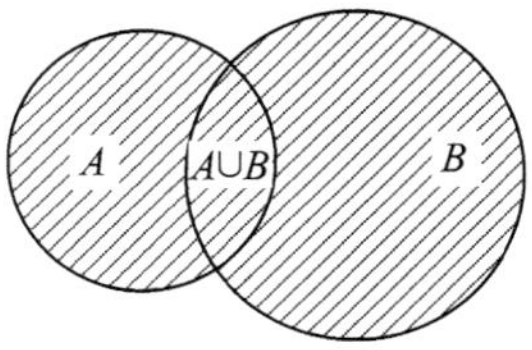


**图 1-3**

例如:上实例中,$\{-1,1\}\cup\{-\sqrt{2},\sqrt{2}\}=\{-\sqrt{2},-1,1,\sqrt{2}\}$.

**2. 性　质**

(1) $A\cup B=B\cup A\supseteq A$(或 $B$).

(2) $\varnothing\cup A=A, A\cup A=A$.

(3) 若 $A\subseteq B$,则 $A\cup B=B$.

## ★ 知识巩固

**例 4**　设 $A=\{1,3,5\}, B=\{2,4,6\}$,求 $A\cup B$.

**解**　$A\cup B=\{1,3,5\}\cup\{2,4,6\}=\{1,2,3,4,5,6\}$.

**例 5**　设 $A=\{x|0\leqslant x<2\}, B=\{x|1<x\leqslant 3\}$,求 $A\cup B$.

**解**　$A\cup B=\{x|0\leqslant x<2\}\cup\{x|1<x\leqslant 3\}=\{x|0\leqslant x\leqslant 3\}$.

数轴上表示为

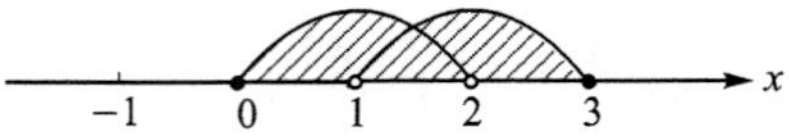


## 课堂练习 1.3.2

1. 设 $A=\{-1,0,1\}, B=\{0,2,4\}$,求 $A\cup B$.
2. 设 $A=\{x|-2\leqslant x<1\}, B=\{x|-1<x\leqslant 2\}$,求 $A\cup B$.

## 1.3.3　补　集

## ★ 新知识点

**1. 定　义**

在研究某些集合关系时,这些集合常常是某一给定集合的子集,这一个给定的集合称为全集,一般记为 $U$. 在研究数集关系时,通常把实数集 $\mathbf{R}$ 作为全集,即 $U=\mathbf{R}$.

若集合 $A$ 是全集 $U$ 的子集,由 $U$ 中不属于 $A$ 的所有元素组成的集合称为 $A$ 在全集 $U$ 中的补集,记为 $\complement_U A$,读作"$A$ 在 $U$ 中的补集",即

$$\complement_U A=\{x\mid x\in U \text{ 且 } x\notin A\}.$$

习惯上用矩形内部表示全集,$A$ 在全集 $U$ 中的补集可用图 1-4 中阴影(含圆边界)表示.

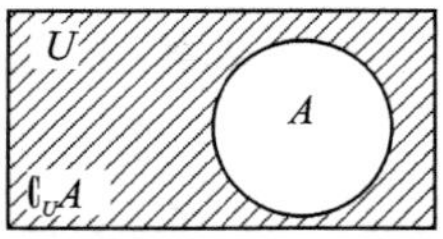


**图 1-4**

**2. 性　质**

(1) $A\cap\complement_U A=\varnothing, A\cup\complement_U A=U$.

(2) $\complement_U\varnothing=U, \complement_U U=\varnothing$.

(3) $\complement_U(\complement_U A)=A$.

**提醒:**求集合的交集、并集、补集是集合的三种运算,分别称为交运算、并运算、补运算.

## ★ 知识巩固

**例 6**　设全集 $U=\{1,2,3,4,5,6,7\}, A=\{1,3,5\}, B=\{2,4,6\}$,求 $\complement_U A$ 和 $\complement_U B$.

**解**　$\complement_U A=\{2,4,6,7\}, \complement_U B=\{1,3,5,7\}$.

**例 7**　设全集 $U=\mathbf{R}, A=\{x|-2\leqslant x<4\}$,求 $\complement_U A$.

**解**　集合 $A$ 在数轴上表示为

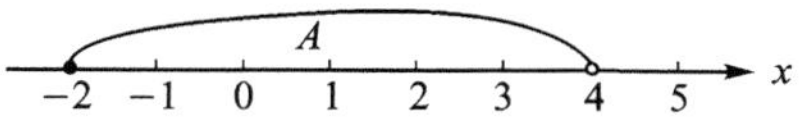


则有
$$\complement_U A=\{x\mid x<-2 \text{ 或 } x\geqslant 4\}.$$

## 课堂练习 1.3.3

1. 设全集 $U=\{x\mid -2<x<2\}$，　$A=\{x\mid -1<x\leqslant 1\}$，求 $\complement_U A$.

2. 设全集 $U=\{1,2,3,4,5,6,7\}$，$A=\{2,3,4\}$，$B=\{4,5,6\}$，求 $\complement_U A$、$\complement_U B$，$(\complement_U A)\cup(\complement_U B)$，$(\complement_U A)\cap(\complement_U B)$.

## 习题 1.3

1. 设 $A=\{x\mid x+2=2\}$，$B=\{x\mid x^2-2x=0\}$，求 $A\cap B$，$A\cup B$.

2. 设 $A=\{x\mid -2\leqslant x<4\}$，$B=\{x\mid -3<x\leqslant 3\}$，求 $A\cup B$，$A\cap B$.

3. 设全集 $U=\{1,2,3,4,5,6,7\}$，$A=\{2,4,6\}$，$B=\{1,3,5\}$，求：$A\cap B$，$A\cup B$，$\complement_U A$，$\complement_U B$.

4. 设全集 $U=\mathbf{R}$，$A=\{x\mid x\geqslant -1\}$，$B=\{x\mid -2<x\leqslant 3\}$，求(1) $\complement_U A$；(2) $\complement_U B$；(3) $(\complement_U A)\cup(\complement_U B)$；(4) $(\complement_U A)\cap(\complement_U B)$.

5. 设全集 $U=\{2,3,x^2+2x-3\}$，$A=\{5\}$，$\complement_U A=\{2,y\}$，求实数 $x$，$y$ 的值.

6. 设 $U=\{$不大于 20 的质数$\}$，$A\cap\complement_U B=\{3,5\}$，$(\complement_U A)\cap B=\{2,11\}$ $\complement_U(A\cup B)=\{2,17\}$，求(1) $\complement_U(A\cap B)$；(2) $A$ 和 $B$.

# 1.4　充要条件

### ★ 新知识点

**1. 基本型**

若 $p$ 成立可推出 $q$ 成立，即 $p\rightarrow q$，则称 $p$ 是 $q$ 的充分条件，同时 $q$ 是 $p$ 的必要条件.

例如：$x=1$ 成立可推出 $x^2-1=0$ 成立，即 $x=1\rightarrow x^2-1=0$，就称 $x=1$ 是 $x^2-1=0$ 的充分条件，同时 $x^2-1=0$ 是 $x=1$ 的必要条件.

**2. 拓展型**

(1) 若 $p$ 成立可推出 $q$ 成立，但反之若 $q$ 成立推不出 $p$ 成立，即 $p\overset{\rightarrow}{\not\leftarrow}q$，则称 $p$ 是 $q$ 的充分非必要条件，同时 $q$ 是 $p$ 的必要非充分条件.

例如：$x=1$ 成立可推出 $x^2-1=0$ 成立，但反之若 $x^2-1=0$ 成立推不出 $x=1$ 成立，即 $x=1\overset{\rightarrow}{\not\leftarrow}x^2-1=0$，则称 $x=1$ 是 $x^2-1=0$ 的充分非必要条件，也可称 $x^2-1=0$ 是 $x=1$ 的必要非充分条件.

(2) 若 $p$ 成立可推出 $q$ 成立，反之若 $q$ 成立也可推出 $p$ 成立，即 $p\Leftrightarrow q$，则称 $p$ 是 $q$ 的充分必要条件，简称 $p$ 是 $q$ 的充要条件，同时 $q$ 也是 $p$ 的充要条件.

例如：同位角相等可推出两直线平行，反之两直线平行也可推出同位角相等，即同位角相等$\Leftrightarrow$两直线平行，从而同位角相等是两直线平行的充要条件，反之两直线平行是同位角相等的充要条件.

(3) 若 $p$ 成立推不出 $q$ 成立,同时若 $q$ 成立推不出 $p$ 成立,即 $p \not\rightleftarrows q$,则称 $p$ 是 $q$ 的既不充分也不必要条件,同时 $q$ 也是 $p$ 的既不充分也不必要条件,也可简称为 $p$ 是 $q$ 的无关条件,同时 $q$ 也是 $p$ 的无关条件.

例如:四边形的对角线相等推不出四边形是平行四边形,同时四边形是平行四边形也推不出四边形的对角线相等,即四边形的对角线相等$\not\rightleftarrows$四边形是平行四边形,从而四边形的对角线相等是四边形是平行四边形的既不充分也不必要条件.

## ★ 知识巩固

**例** 指出 $p$ 是 $q$ 的什么条件.

(1) $p: x=1$, $q: |x|=1$;

(2) $p: x>-5$, $q: x>5$;

(3) $p: -4x+12<0$, $q: x>3$;

(4) $p: a\in \mathbf{N}$, $q: a\in \mathbf{Z}$.

**解** (1) 由 $x=1$ 可推出 $|x|=1$,但 $|x|=1$ 推不出 $x=1$,即 $p \underset{\not\Leftarrow}{\Rightarrow} q$,所以 $p$ 是 $q$ 的充分非必要条件.

(2) 由 $x>-5$ 推不出 $x>5$,但由 $x>5$ 可推出 $x>-5$,即 $p \underset{\Leftarrow}{\not\Rightarrow} q$,所以 $p$ 是 $q$ 的必要非充分条件.

(3) 由 $-4x+12<0$ 可推出 $x>3$,同时由 $x>3$ 可推出 $-4x+12<0$,即 $p\Leftrightarrow q$,所以 $p$ 是 $q$ 的充要条件.

(4) 由 $a\in \mathbf{N}$ 可推出 $a\in \mathbf{Z}$,但由 $a\in \mathbf{Z}$ 推不出 $a\in \mathbf{N}$,即 $p \underset{\not\Leftarrow}{\Rightarrow} q$,所以 $p$ 是 $q$ 的充分非必要条件.

## 课堂练习 1.4

指出 $p$ 是 $q$ 的什么条件.

(1) $p: a=0$, $q: ab=0$;

(2) $p: x=2$, $q: x>0$;

(3) $p: x=1$, $q: (x-1)^2=0$;

(4) $p: x^2-4=0$, $q: x=2$.

# 习题 1.4

1. 指出 $p$ 是 $q$ 的什么条件.

(1) $p: ac=bc$, $q: a=b$;

(2) $p: x^2>0$, $q: x>0$;

(3) $p: x>1$, $q: x^2>x$;

(4) $p: |x|=0$, $q: x=0$;

(5) $p: x$ 和 $y$ 都是奇数, $q: x+y$ 是偶数;

(6) $p: a=1, b=0$, $q: (a-1)^2+b^2=0$.

2. 已知：$p$、$q$ 都是 $r$ 的必要条件，$s$ 是 $r$ 的充分条件，$q$ 是 $s$ 的充分条件，则(1)$s$ 是 $q$ 的什么条件？(2)$r$ 是 $q$ 的什么条件？(3)$p$ 是 $q$ 的什么条件？

# 本章小结

**1. 知识结构**

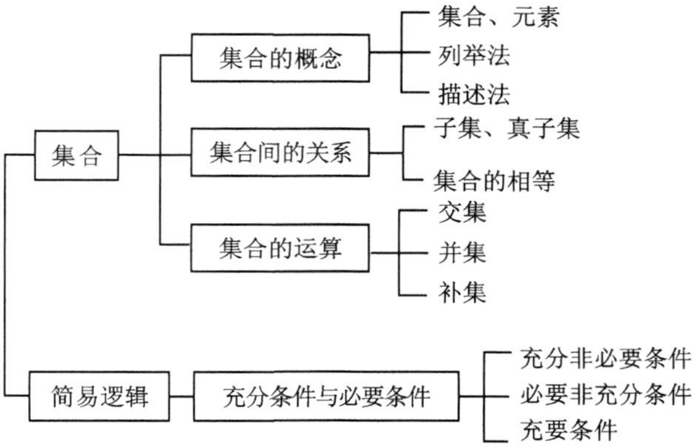


**2. 方法总结**

(1) 集合中的元素具有确定性、互异性和无序性，解题时应注意.

(2) 用描述法表示的集合，须弄清集合中的元素是什么，符合什么条件，从而准确理解集合的意义.

(3) 对于集合问题，首先要确定属于哪类集合(数集、点集或某类图形)，然后确定处理此类集合问题的方法.

(4) 集合问题与函数、方程、不等式关系密切，解题时要融会贯通.

(5) 集合运算常常要数形结合，善用数轴、平面直角坐标系，并对此分类讨论.

(6) “$A$ 是 $B$ 的充要条件”中 $A$ 是条件、$B$ 是结论. 若要证明充分性，须证 $A\to B$；若要证必要性，须证 $B\to A$.

# 复习题 1

1. 选择题

(1) 设 $M=\{0\}$，则下列写法正确的是(　　).

A. $\varnothing\in\{0\}$　　B. $0\in\{0\}$　　C. $0=\{0\}$　　D. $\varnothing=\{0\}$

(2) 集合 $A=\{a,b\}$ 的子集个数为(　　).

A. 1　　B. 2　　C. 3　　D. 4

(3) 集合 $A=\{2,3,4,5\}$，$B=\{2,4,6,8\}$，则 $A\cap B=$(　　).

A. $\varnothing$　　B. $\{2,4\}$　　C. $\{2,3,4,5,6,8\}$　　D. $\mathbf{Z}$

(4) 集合 $A=\{x|-1\leqslant x<2\}$,$B=\{x|1<x\leqslant 5\}$,则 $A\cup B=$(　　).

A. $\{x|-1<x<5\}$　　B. $\{x|-1\leqslant x\leqslant 5\}$　　C. $\{x|1<x<2\}$　　D. $\{x|1\leqslant x\leqslant 2\}$

(5) 全集 $U=\{-2,0,2,4\}$,$A=\{-2,2,4\}$,则 $\complement_U A=$(　　).

A. $\varnothing$　　B. $\{-2,2,4\}$　　C. $\{0\}$　　D. $\{-2,0,2,4\}$

(6) 全集 $U=\mathbf{R}$,$A=\{x|-2<x\leqslant 2\}$,则 $\complement_U A=$(　　).

A. $\{x|x\leqslant -2\}$　　B. $\{x|x>2\}$　　C. $\{x|x\leqslant -2$ 或 $x>2\}$　　D. $\varnothing$

(7) 下列各选项中正确的是(　　).

A. $ab>bc\rightarrow a>c$　　B. $a>b\rightarrow ac^2>bc^2$

C. $ac^2>bc^2\rightarrow a>b$　　D. $a>b,c>d\rightarrow ac>bd$

2. 填空题

(1) $A\subseteq B$ 是 $A\cap B=A$ 的________条件.

(2) 若 $A=\{1,x,3\}$,$B=\{2,y,1\}$,且 $A=B$,则 $xy$ ________.

(3) 用列举法表示方程组$\begin{cases}x+y=4\\x-y=2\end{cases}$的解集为________.

(4) 用列举法表示集合$\{x|x\in\mathbf{N}$ 且 $1\leqslant x<4\}$为________.

3. 设全集 $U=\mathbf{R}$,$A=\{x|-1<x\leqslant 2\}$,求:

(1) $A\cap\varnothing$,$A\cup\varnothing$;　　(2) $A\cap\mathbf{R}$,$A\cup\mathbf{R}$;

(3) $\complement_U A$;　　(4) $A\cap(\complement_U A)$,$A\cup(\complement_U A)$.

4. 设全集 $U=\{-2,-1,0,1,2\}$,$A=\{-2,0,2\}$,$B=\{-1,0,1\}$,求:(1) $A\cap B$,$A\cup B$;(2) $\complement_U A$,$\complement_U B$;(3) $A\cap(\complement_U B)$,$(\complement_U A)\cup B$.

5. 若集合 $A=\{x|x^2-3x+2=0\}$,$B=\{x|mx-2=0\}$,且 $A\cap B=B$,求由实数 $m$ 所构成的集合 $M$,并写出集合 $M$ 的所有真子集.

# 趣味阅读

## 集合中元素的个数

研究集合时,常遇到有关集合中元素的个数问题. 有限集合 $A$ 中元素的个数记为 Card($A$). 如 $A=\{a,b,c,d\}$,则有 Card($A$)=4.

观察实例:学校小超市进了两次货,第一次进的货为铅笔、签字笔、橡皮、笔记本、方便面、矿泉水共 6 种,第二次进的货为签字笔、笔记本、方便面、火腿肠共 4 种,两次一共进了几种货?

用集合 $A$ 表示第一次进货的品种,集合 $B$ 表示第二次进货的品种,于是

$A=\{$铅笔、签字笔、橡皮、笔记本、方便面、矿泉水$\}$,

$B=\{$签字笔、笔记本、方便面、火腿肠$\}$.

这里 Card($A$)=6,Card($B$)=4,Card($A\cap B$)=3.

从而两次一共进货品种为

$$\mathrm{Card}(A\cup B)=7$$

一般地对于任意两个有限集合 $A$,$B$,有

$$\mathrm{Card}(A\cup B)=\mathrm{Card}(A)+\mathrm{Card}(B)-\mathrm{Card}(A\cap B)$$

**例** 学校本学期举办了一次田径运动会，某班有12名同学参赛，又举办了一次球类运动会，这个班有15人参赛，两次运动会都参赛的有10人. 两次运动会中，这个班共有多少名同学参赛？

**解** 设

$$A=\{\text{田径运动会参赛的学生}\},$$
$$B=\{\text{球类运动会参赛的学生}\}.$$

从而

$$A\cap B=\{\text{两次运动会都参赛的学生}\},$$
$$A\cup B=\{\text{所有参赛的学生}\}.$$

$$\therefore \text{Card}(A\cup B)=\text{Card}(A)+\text{Card}(B)-\text{Card}(A\cap B)$$
$$=12+15-10=17.$$

答：两次运动会中，这个班共有17名同学参赛.

此类问题也可用图1－5求解.

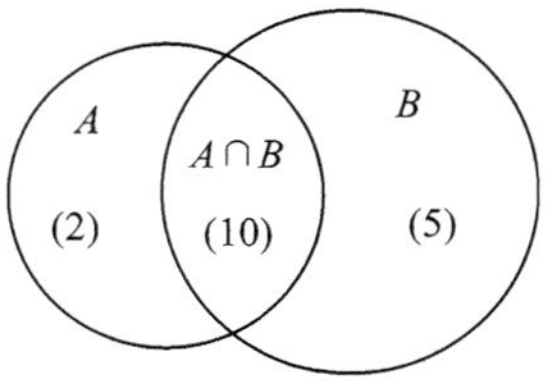


**图1－5**

图1－5中相应于$A\cap B$的区域先填上数字10（$\text{Card}(A\cap B)=10$），再在$A$中不包括$A\cap B$的区域填上数字2（$\text{Card}(A)-\text{Card}(A\cap B)=2$），在$B$中不包括$A\cap B$的区域填上数字5（$\text{Card}(B)-\text{Card}(A\cap B)=5$）. 最后把这三个数字加起来得17，这就是$\text{Card}(A\cup B)$.

图解法对于比较复杂的问题，例如涉及三个以上的交并问题，更能显示出它的优越性. 对于有限集合$A,B,C$有

$$\text{Card}(A\cup B\cup C)=\text{Card}(A)+\text{Card}(B)+\text{Card}(C)-\text{Card}(A\cap B)-\text{Card}(A\cap C)$$
$$-\text{Card}(B\cap C)+\text{Card}(A\cap B\cap C).$$

# 第 2 章　不等式

大千世界纷繁复杂，有大量的等量关系，也有大量的不等关系. 解决实际问题时，不仅需要研究等量关系，也需要研究不等关系. 不等式是研究不等关系的重要工具，学习不等式的性质、求解以及均值不等式的应用，可以提升计算技能，为数学课程及其他科学知识的学习奠定坚实的基础.

## 2.1　不等式的基本性质

### 2.1.1　比较实数大小的方法

**★ 新知识点**

对于任意两个实数 $a,b$，有

$$a-b>0 \Leftrightarrow a>b,$$
$$a-b=0 \Leftrightarrow a=b,$$
$$a-b<0 \Leftrightarrow a<b.$$

比较两个实数的大小，只需考察两数的差即可.

**★ 知识巩固**

**例 1**　比较 $\frac{2}{3}$ 与 $\frac{4}{7}$ 的大小.

**解**　$\frac{2}{3}-\frac{4}{7}=\frac{14-12}{21}=\frac{2}{21}>0$，因此 $\frac{2}{3}>\frac{4}{7}$.

**例 2**　比较 $a^2-1$ 与 $4a-5$ 的大小（$a\in\mathbf{R}$ 且 $a\neq2$）.

**解**　$(a^2-1)-(4a-5)=a^2-4a+4=(a-2)^2$，

又 $a\in\mathbf{R}$ 且 $a\neq2$，有 $(a-2)^2>0$

故 $a^2-1>4a-5$.

### 课堂练习 2.1.1

1. 比较 $\frac{1}{2}$ 与 $\frac{2}{3}$ 的大小.

2. 若 $a>b>0$，试比较 $ab^2$ 与 $a^2b$ 的大小.

## 2.1.2　不等式的基本性质

### ★ 新知识点

**性质 1(传递性)**　若 $a>b,b>c$,则 $a>c$.

**证明**
$$a>b\Rightarrow a-b>0,$$
$$b>c\Rightarrow b-c>0,$$
于是
$$a-c=(a-b)+(b-c)>0,$$
故
$$a>c.$$

**性质 2(加法性质)**　若 $a>b$ 则 $a+c>b+c$.

**证明**
$$a>b\Rightarrow a-b>0.$$
于是
$$(a+c)-(b+c)=a-b>0,$$
故
$$a+c>b+c.$$

**提醒:**利用加法性质,可以由 $a+b>c$ 得到 $a>c-b$,这表明对不等式可以移项.

**性质 3(乘法性质)**　若 $a>b,c>0$,则 $ac>bc$;若 $a>b,c<0$,则 $ac<bc$.

**证明**
$$a>b\Rightarrow a-b>0.$$
又
$$c>0,$$
于是
$$ac-bc=(a-b)\cdot c>0,$$
故
$$ac>bc.$$

同理:若 $a>b,c<0$,则 $ac<bc$.

**提醒:**乘法性质表明,不等式两边同时乘以(或除以)同一正数,不等号方向不变;不等式两边同时乘以(或除以)同一负数,不等号方向改变.

### ★ 知识巩固

**例 3**　用符号"<"或">"填空,并说明应用的不等式性质.

(1) 若 $a<b$,则 $a-2$ ________ $b-2$.

(2) 若 $a>b$,则 $2a$ ________ $2b$.

(3) 若 $a<b$,则 $-3a$ ________ $-3b$.

(4) 若 $a>b$,则 $5-2a$ ________ $5-2b$.

**解**　(1) $a-2<b-2$,应用不等式的性质 2(加法性质)推导.

(2) $2a>2b$,应用不等式的性质 3(乘法性质)推导.

(3) $-3a>-3b$,应用不等式的性质 3(乘法性质)推导.

(4) $5-2a<5-2b$,应用不等式的性质 2(加法性质)和性质 3(乘法性质)推导.

**例 4**　若 $a>b,c>d$,求证:$a+c>b+d$.

**证明**
$$a>b\Rightarrow a-b>0,$$
$$c>d\Rightarrow c-d>0,$$
于是
$$(a+c)-(b+d)=(a-b)+(c-d)>0,$$
故
$$a+c>b+d.$$

### 课堂练习 2.1.2

1. 填空题

(1) 若 $3x+2<8$,则 $x<$________.

(2) 若 $1-2x<5$,则 $x>$________.

2. 用符号"<"或">"填空

(1) 若 $a>b$,则 $a-2$ ________ $b-2$.

(2) 若 $a<b$,则 $a+\pi$ ________ $b+\pi$.

(3) 若 $a>b$,则 $\pi a$ ________ $\pi b$.

(4) 若 $a<b$,则 $1-2a$ ________ $1-2b$.

## 习题 2.1

1. 用"<"或">"填空

(1) $\frac{5}{6}$________$\frac{6}{7}$,$-\frac{3}{5}$\_\_\_\_\_\_\_\_$-\frac{5}{8}$.

(2) $x+3$ ________ $x+1$,$7a^2$ ________ $5a^2(a\neq 0)$.

(3) 若 $a>b$,则 $a+3$ ________ $b+3$,$-2a$ ________ $-2b$.

(4) 若 $a<b$,则 $3-a$ ________ $3-b$,$2+3a$ ________ $2+3b$.

2. 若 $a\in \mathbf{R}^+$,$b\in \mathbf{R}^+$,比较 $a^2+2b^2$ 与 $b(b-2a)$的大小.

3. 解下列不等式.

(1) $2+4x<3(3x-1)$;　　(2) $\frac{x-3}{2}\leqslant\frac{x+1}{3}$.

4. 若 $a\in\mathbf{R}$,$b\in\mathbf{R}$ 且 $a\neq b$,比较 $ab-a^2$ 与 $b^2-ab$ 大小.

## 2.2　区　间

### ★ 新知识点

**1. 区间概念**

实例观察:集合$\{x|1\leqslant x<4\}$可用数轴上位于 1 与 4 之间的一段仅含左端点的线段(见图 2-1)来表示.

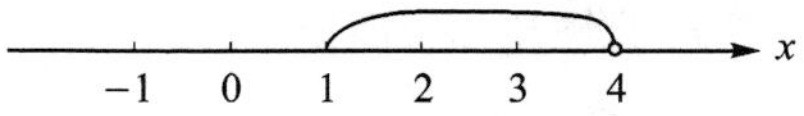


**图 2-1**

定义:由数轴上两点之间的一切实数所组成的集合称为区间,这两个点称为区间的端点.

类别:

(1) 不含端点的区间称为开区间;

(2) 含两个端点的区间称为闭区间;

(3) 仅含左端点的区间称为右半开区间;

(4) 仅含右端点的区间称为左半开区间.

**2. 有限区间**

设任意两实数 $a,b$,且 $a<b$,则

(1) 数集$\{x|a<x<b\}$记为开区间$(a,b)$;

(2) 数集$\{x|a\leqslant x\leqslant b\}$记为闭区间$[a,b]$;

(3) 数集$\{x|a\leqslant x<b\}$记为右半开区间$[a,b)$;

(4) 数集$\{x|a<x\leqslant b\}$记为左半开区间$(a,b]$.

**3. 无限区间**

设任意两实数 $a,b$,则

(1) 数集$\{x|x>a\}$记为区间$(a,+\infty)$;

(2) 数集$\{x|x\geqslant a\}$记为区间$[a,+\infty)$;

(3) 数集$\{x|x<b\}$记为区间$(-\infty,b)$;

(4) 数集$\{x|x\leqslant b\}$记为区间$(-\infty,b]$;

(5) 实数集 $\mathbf{R}$ 记为$(-\infty,+\infty)$.

**提醒:**由于“$-\infty$”“$+\infty$”是数学中的理想数,永远取不到,从而“$-\infty$”和“$+\infty$”在区间端点处表示时只能用小括号.另外,区间端点从左到右必须是由小到大.

## ★ 知识巩固

**例 1**　已知集合 $A=(-1,4]$,$B=[2,5)$,求 $A\cup B$,$A\cap B$.

**解**　两集合的数轴表示如图 2-2 所示,由图可知

$$A\cup B=(-1,5),\qquad A\cap B=[2,4].$$

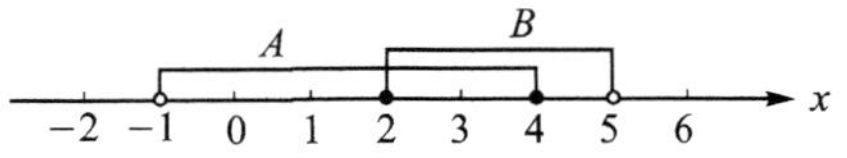


**图 2-2**

**例 2**　已知集合 $A=[1,+\infty)$,$B=(-\infty,3)$,求 $A\cup B$,$A\cap B$.

**解**　两集合的数轴表示如图 2-3 所示,由图可知

$$A\cup B=(-\infty,+\infty)=\mathbf{R},\qquad A\cap B=[1,3).$$

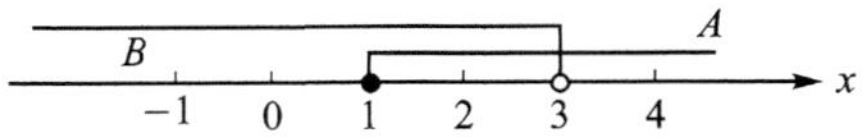


**图 2-3**

**例 3**　已知全集 $U$ 为 $\mathbf{R}$,集合 $A=[0,3)$,$B=(-\infty,2]$,求

(1) $\complement_U A$,$\complement_U B$;　　　(2) $A\cap\complement_U B$.

**解**　两集合的数轴表示如图 2-4 所示,由图可知

(1) $\complement_U A=(-\infty,0)\cup[3,+\infty)$,$\complement_U B=(2,+\infty)$;

(2) $A\cap\complement_U B=(2,3)$.

图 2-4

## 课堂练习 2.2

1. 已知集合 $A=(-1,3]$,$B=[1,4)$,求 $A\cup B$,$A\cap B$.

2. 设全集 $U$ 为 $\mathbf{R}$,集合 $A=[1,+\infty)$,$B=[0,4)$,求

(1) $\complement_U A$,$\complement_U B$;　　(2) $(\complement_U A)\cap B$.

## 习题 2.2

1. 已知集合 $A=(-1,4]$,$B=(2,5]$,求 $A\cup B$,$A\cap B$.

2. 已知集合 $A=[-1,+\infty)$,$B=(-\infty,4]$,求 $A\cup B$,$A\cap B$.

3. 设全集 $U$ 为 $\mathbf{R}$,$A=(-\infty,5]$,$B=(3,+\infty)$,求

(1) $\complement_U A$,$\complement_U B$;　(2) $(\complement_U A)\cup(\complement_U B)$;　(3) $(\complement_U A)\cap(\complement_U B)$.

## 2.3　含绝对值的不等式解法

### ★ 知识复习

对于任意实数 $x$,有

$$|x|=\begin{cases} x, & x>0. \\ 0, & x=0. \\ -x, & x<0. \end{cases}$$

$|x|$的几何意义:数轴上的数 $x$ 到原点的距离.

### ★ 新知识点

**1. 含绝对值的不等式基本型的解法**

当实数 $a>0$ 时,

(1) $|x|<a\to -a<x<a\to$ 解集为$(-a,a)$;

(2) $|x|\leqslant a\to -a\leqslant x\leqslant a\to$ 解集为$[-a,a]$;

(3) $|x|>a\to x<-a$ 或 $x>a\to$ 解集为$(-\infty,-a)\cup(a,+\infty)$;

(4) $|x|\geqslant a\to x\leqslant -a$ 或 $x\geqslant a\to$ 解集为$(-\infty,-a]\cup[a,+\infty)$.

当实数 $a<0$ 时,

(1) $|x|<a$ 和 $|x|\leqslant a$ 解集均为空集 $\varnothing$;

(2) $|x|>a$ 和 $|x|\geqslant a$ 解集均为实数集 $\mathbf{R}$.

**2. 含绝对值的不等式拓展型的解法.**

若实数 $a>0$ 时,代数式 $f(x)$ 有

(1) $|f(x)|<a\to -a<f(x)<a$;

(2) $|f(x)| \leqslant a \rightarrow -a \leqslant f(x) \leqslant a$；

(3) $|f(x)| > a \rightarrow f(x) < -a$ 或 $f(x) > a$；

(4) $|f(x)| \geqslant a \rightarrow f(x) \leqslant -a$ 或 $f(x) \geqslant a$.

## ★ 知识巩固

**例 1**　解下列不等式.

(1) $3|x|-1>2$；　　(2) $2|x|-3 \leqslant 3$.

**解**　(1) 由不等式 $3|x|-1>2$ 得 $|x|>1$，有

$$x<-1 \quad 或 \quad x>1,$$

所以原不等式解集为 $(-\infty,-1) \cup (1,+\infty)$.

(2) 由不等式 $2|x|-3 \leqslant 3$ 得 $|x| \leqslant 3$，有

$$-3 \leqslant x \leqslant 3,$$

所以原不等式解集为 $[-3,3]$.

**例 2**　解下列不等式.

(1) $|2x-3| \leqslant 1$；　　(2) $|2x+3|>5$.

**解**　(1) 由原不等式可得　$-1 \leqslant 2x-3 \leqslant 1$.

于是　$2 \leqslant 2x \leqslant 4$，

即　$1 \leqslant x \leqslant 2$.

所以原不等式解集为 $[1,2]$.

(2) 由原不等式可得　$2x+3<-5$ 或 $2x+3>5$.

于是　$2x<-8$ 或 $2x>2$，

即　$x<-4$ 或 $x>1$.

所以原不等式解集为 $(-\infty,-4) \cup (1,+\infty)$.

## 课堂练习 2.3

1. 解下列不等式.

(1) $2|x| \leqslant 4$；　　(2) $3|x|-2>4$.

2. 解下列不等式.

(1) $|x+3|>2$；　　(2) $|2-3x| \leqslant 4$；

(3) $\left|\frac{1}{2}-1\right| \geqslant 1$；　　(4) $\left|x-\frac{1}{3}\right|<\frac{2}{3}$.

# 习题 2.3

1. 解下列不等式组.

(1) $\begin{cases} 5x-2>4x \\ 20-6x<5-x \end{cases}$；　　(2) $\begin{cases} 1-\frac{x+1}{2} \leqslant 2-\frac{x+2}{3} \\ x(x-1) \geqslant (x+3)(x-3) \end{cases}$.

2. 解下列不等式.

(1) $\left|\frac{1}{3}x\right|\geqslant 5$； (2) $1\leqslant|3x-1|$；

(3) $\left|\frac{1}{2}x+1\right|>\frac{1}{2}$； (4) $|2x+3|\leqslant 4$.

3. 已知 $A=\{x\,|\,|x-1|<a,a>0\}$，$B=\{x\,|\,|x-3|>4\}$，且 $A\cap B=\varnothing$，求实数 $a$ 的取值范围.

# 2.4 一元二次不等式解法

## ★ 新知识点

**1. 定　义**

只含一个未知数，并且未知数的最高次是二次的不等式称为一元二次不等式，其一般式为

$$ax^2+bx+c>0\quad(a\neq 0)\qquad\qquad ax^2+bx+c<0\quad(a\neq 0)$$
$$\text{或}$$
$$ax^2+bx+c\geqslant 0\quad(a\neq 0)\qquad\qquad ax^2+bx+c\leqslant 0\quad(a\neq 0)$$

为了简化研究，我们只对 $a>0$ 的情况进行分析. 对于 $a<0$ 的情况，可利用不等式的性质，对一元二次不等式的两边同乘 $-1$，将二次项系数 $a$ 化为正数后再求解.

**2. 一元二次不等式解法**

一般地，根据一元二次不等式对应的一元二次方程 $ax^2+bx+c=0$ 的解的情况，再结合一元二次不等式对应的二次函数 $y=ax^2+bx+c$ 的图像来求解一元二次不等式.

当 $a>0$ 时，一元二次不等式具体解法如下.

(1) $\Delta=b^2-4ac>0$ 时，方程 $ax^2+bx+c=0$ 有两个相异的实根 $x_1$ 和 $x_2(x_1<x_2)$，二次函数 $y=ax^2+bx+c$ 图像与 $x$ 轴有两个交点 $(x_1,0)$ 和 $(x_2,0)$（见图 2－5(a)）. 此时不等式 $ax^2+bx+c>0$ 的解集为 $(-\infty,x_1)\cup(x_2,+\infty)$；$ax^2+bx+c\geqslant 0$ 的解集为 $(-\infty,x_1]\cup[x_2,+\infty)$；$ax^2+bx+c<0$ 的解集为 $(x_1,x_2)$；$ax^2+bx+c\leqslant 0$ 的解集为 $[x_1,x_2]$.

(2) $\Delta=b^2-4ac=0$ 时，方程 $ax^2+bx+c=0$ 有两个相等的实根 $x_0$. 二次函数 $y=ax^2+bx+c$ 图像与 $x$ 轴只有一个交点 $(x_0,0)$（见图 2－5(b)）. 此时不等式 $ax^2+bx+c>0$ 的解集为 $(-\infty,x_0)\cup(x_0,+\infty)$；$ax^2+bx+c\geqslant 0$ 的解集为 $\mathbf{R}$；$ax^2+bx+c<0$ 的解集为 $\varnothing$；$ax^2+bx+c\leqslant 0$ 的解集为 $\{x_0\}$.

(3) $\Delta=b^2-4ac<0$ 时，方程 $ax^2+bx+c=0$ 无实根，二次函数 $y=ax^2+bx+c$ 的图像与 $x$ 轴没有交点（见图 2－5(c)），此时不等式 $ax^2+bx+c>0$ 和 $ax^2+bx+c\geqslant 0$ 的解集均为 $\mathbf{R}$；$ax^2+bx+c<0$ 和 $ax^2+bx+c\leqslant 0$ 的解集均为 $\varnothing$.

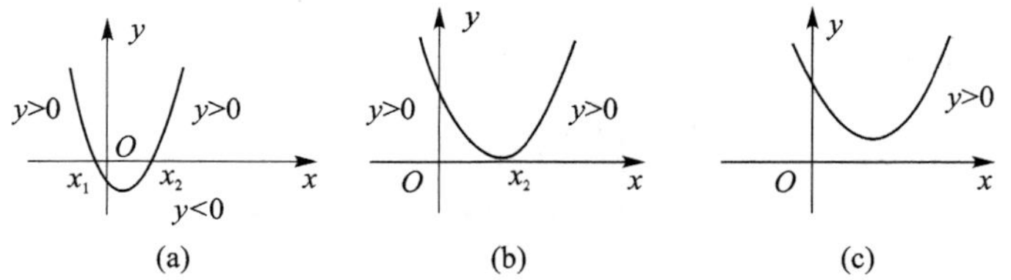


**图 2－5**

## ★ 知识巩固

**例 1**　解下列不等式.

(1) $x^2-3x+2<0$;　　(2) $x^2+2x\geqslant 3$;

(3) $6x^2-x-1\leqslant 0$;　　(4) $-x^2+x<1$.

**解**　(1) 由于二次项系数 $1>0$,且方程 $x^2-3x+2=0$ 的解 $x_1=1$ 和 $x_2=2$,故 $x^2-3x+2<0$ 的解集为$(1,2)$.

(2) 由 $x^2+2x\geqslant 3$ 得 $x^2+2x-3\geqslant 0$. 又由二次项系数 $1>0$,且方程 $x^2+2x-3=0$ 的解 $x_1=-3$和 $x_2=1$,故 $x^2+2x\geqslant 3$ 的解集为$(-\infty,-3]\cup[1,+\infty)$.

(3) 由于二次项系数 $6>0$,且方程 $6x^2-x-1=0$ 的解为 $x_1=-\dfrac{1}{3}$和 $x_2=\dfrac{1}{2}$,故 $6x^2-x-1\leqslant 0$ 的解集为$\left[-\dfrac{1}{3},\dfrac{1}{2}\right]$.

(4) 由$-x^2+x<1$ 得 $x^2-x+1>0$.

由于 $\Delta=(-1)^2-4\times 1\times 1=-3<0$,则 $x^2-x+1=0$ 无实根,所以 $x^2-x+1>0$ 的解集为 $\mathbf{R}$,即$-x^2+x<1$ 解集为 $\mathbf{R}$.

**例 2**　$x$ 是什么实数时,$\sqrt{x^2+x-12}$有意义?

**解**　要使$\sqrt{x^2+x-12}$有意义,需要 $x^2+x-12\geqslant 0$.

二次项系数 $1>0$,且 $x^2+x-12=0$ 的解 $x_1=-4$ 和 $x_2=3$. 故 $x^2+x-12\geqslant 0$ 解集为$(-\infty,-4]\cup[3,+\infty)$,即当 $x\in(-\infty,-4]\cup[3,+\infty)$时,$\sqrt{x^2+x-12}$有意义.

## 课堂练习 2.4

1. 解不等式.

(1) $(x+2)(x-5)>0$;　　(2) $x(x-1)\leqslant 0$.

2. $x$ 为什么数时,$\sqrt{6+x-x^2}$无意义?

3. 若不等式 $ax^2+bx+2>0$,解为$-\dfrac{1}{2}<x<\dfrac{1}{3}$,求 $a$ 和 $b$ 的值.

# 习题 2.4

1. 解下列不等式.

(1) $x^2-3x-4<0$;　　(2) $x^2-2x+3>0$;

(3) $x^2\leqslant 2x-1$;　　(4) $x^2+2\leqslant 2x$.

2. 解不等式 $x^2-|x|-2<0$.

3. $a$ 为何值时,关于 $x$ 的不等式 $x^2-ax+1<0$ 的解集是空集$\varnothing$?

# 2.5 均值不等式

## ★ 新知识点

**1. 基本不等式**

对于实数 $a$,有 $a^2$ 是非负数.即若 $a\in\mathbf{R}$,则 $a^2\geqslant 0$.

**定理一** 设 $a,b\in\mathbf{R}$,则 $a^2+b^2\geqslant 2ab$(当且仅当 $a=b$ 时,"$=$"成立).

**2. 均值不等式**

**定理二** 设 $a,b\in(0,+\infty)$,则 $\dfrac{a+b}{2}\geqslant\sqrt{ab}$(当且仅当 $a=b$ 时,"$=$"成立).

其中,$\dfrac{a+b}{2}$称为 $a,b$ 的算术平均数,$\sqrt{ab}$称为 $a,b$ 的几何平均数.

**推论一** 设 $a,b\in(0,+\infty)$,则 $a+b\geqslant 2\sqrt{ab}$(当且仅当 $a=b$ 时,"$=$"成立).

**推论二** 设 $a,b\in(0,+\infty)$,则 $ab\leqslant\left(\dfrac{a+b}{2}\right)^2$(当且仅当 $a=b$ 时,"$=$"成立).

**提醒:**运用推论一和推论二求最值时,

(1) 若 $a>0,b>0,ab=P$(定值),当 $a=b$ 时,$a+b$ 有最小值(简记为:积定,和有最小值).

(2) 若 $a>0,b>0,a+b=S$(定值),当 $a=b$ 时,$ab$ 有最大值(简记为:和定,积有最大值).

## ★ 知识巩固

**例 1** 如果 $a>0,b>0$,求证:$a^3+b^3\geqslant a^2b+ab^2$.

**证明** 由$(a-b)^2\geqslant 0$,有 $a^2-ab+b^2\geqslant ab$.

又 $$a>0,\quad b>0,$$

有 $$a+b>0,$$

所以 $$(a+b)(a^2-ab+b^2)\geqslant(a+b)ab.$$

故 $$a^3+b^3\geqslant a^2b+ab^2.$$

**例 2** 已知正数 $a$ 和 $b$ 满足 $a+b=1$,$y=\dfrac{1}{a}+\dfrac{1}{b}$,求 $y$ 的最小值.

**解** 由 $a,b$ 是正数且 $a+b=1$,有

$$y=\left(\frac{1}{a}+\frac{1}{b}\right)(a+b)=1+\frac{b}{a}+\frac{a}{b}+1=\frac{b}{a}+\frac{a}{b}+2\geqslant 2\sqrt{\frac{b}{a}\cdot\frac{a}{b}}+2=4.$$

当且仅当$\dfrac{b}{a}=\dfrac{a}{b}\left(\text{即 } a=b=\dfrac{1}{2}\right)$时,$y$ 有最小值 4.

**例 3** 已知 $x>0,y>0,2x+y=8$,求 $xy$ 的最大值,并求 $x,y$ 的值.

**解** 由已知有 $2x>0,y>0$,于是

$$8=2x+y\geqslant 2\sqrt{2xy},$$

所以 $$xy\leqslant 8.$$

当且仅当 $2x=y$(即 $x=2,y=4$)时,$xy$ 有最大值 8.

## 课堂练习 2.5

1. 已知 $a>0,b>0,c>0,d>0$，求证 $(ab+cd)(ac+bd)\geqslant 4abcd$.

2. 若 $a>0,b>0$，且 $a+b=1$，求 $\sqrt{ab}$ 的最大值.

3. 若 $0<x<\frac{5}{2}$，求 $y=x(5-2x)$ 的最大值.

# 习题 2.5

1. 若 $x>3$，求 $y=\frac{1}{x-3}+x$ 的最小值.

2. 已知正数 $a,b$ 满足 $ab=a+b+5$，求 $ab$ 的取值范围.

3. 已知正数 $x,y$ 满足 $x+y=2$，求 $\frac{1}{x}+\frac{1}{y}$ 的最小值.

# 本章小结

**1. 知识结构**

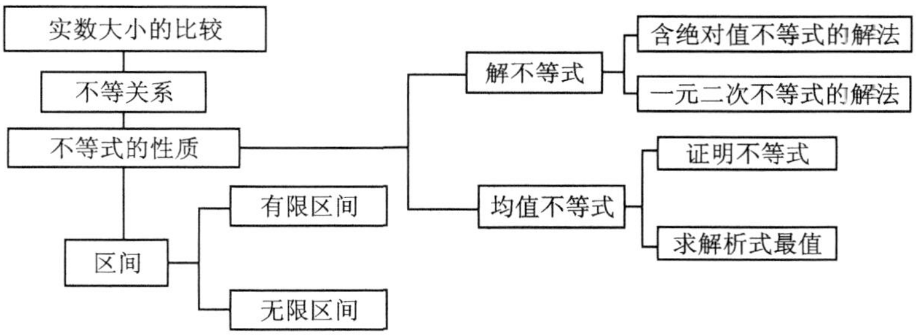


**2. 方法总结**

(1) 应用基本不等式“$a-b>0\Leftrightarrow a>b,a-b=0\Leftrightarrow a=b,a-b<0\Leftrightarrow a<b$”推证不等式的步骤是：作差、变形、定号.

(2) $a>0$ 时，一元二次不等式 $(\Delta=b^2-4ac>0)$ 和含绝对值不等式的解法：$ax^2+bx+c>0(\geqslant 0)$ 和 $|x|>a(\geqslant 0)$ 的解均是“两边跑”，即小于小根，大于大根；$ax^2+bx+c<0(\leqslant 0)$ 和 $|x|<a(\leqslant 0)$ 的解均是“中间走”，即大于小根，小于大根.

(3) 求解一元二次不等式和含绝对值的不等式时，其解集可用区间表示，并应用数轴进行“数形结合”，切记用数轴表示时：取端点为实心，不取端点为空心.

(4) 应用重要不等式：$a、b\in \mathbf{R}^+$，$a+b\geqslant 2\sqrt{ab}$（当且仅当 $a=b$，“$=$”成立）求最值时，当积 $ab=S$ 为定值时，和 $a+b$ 才有最小值 $2\sqrt{ab}$；当和 $a+b=P$ 为定值时，积 $ab$ 才有最大值 $\left(\frac{a+b}{2}\right)^2$.

# 复习题 2

1. 选择题

(1) 与不等式$(2+x)(3-x)>0$解集相同的不等式为(　　).

A. $(x-2)(x+3)>0$　　B. $(x+2)(x-3)<0$

C. $(x+2)(x-3)>0$　　D. $(2-x)(3+x)>0$

(2) 不等式$x^2-5x+6<0$的解集为(　　).

A. $(2,3)$　　B. $[2,3]$

C. $(-\infty,2)\cup(3,+\infty)$　　D. $(-\infty,2]\cup[3,+\infty)$

(3) 不等式$x^2+2\geqslant x$的解集为(　　).

A. $\varnothing$　　B. $\{0\}$　　C. $\mathbf{N}$　　D. $\mathbf{R}$

(4) 一元二次方程$x^2+mx+1=0$有实数解的条件是$m\in$(　　).

A. $(-2,2)$　　B. $[-2,2]$

C. $(-\infty,-2)\cup(2,+\infty)$　　D. $(-\infty,-2]\cup[2,+\infty)$

(5) 不等式$|x-2|<3$的解集为(　　).

A. $(-1,5)$　　B. $[-1,5]$

C. $(-\infty,-1)\cup(5,+\infty)$　　D. $(-\infty,-1]\cup[5,+\infty)$

(6) 不等式$\dfrac{x+1}{x-2}>0$的解集为(　　).

A. $(-1,2)$　　B. $[-1,2)$

C. $(-\infty,-1)\cup(2,+\infty)$　　D. $(-\infty,-1]\cup(2,+\infty)$

(7) 若$x>0,y>0$,则$(x+y)\left(\dfrac{1}{x}+\dfrac{1}{y}\right)$的取值范围是(　　).

A. $(2,+\infty)$　　B. $[4,+\infty)$　　C. $(4,+\infty)$　　D. 不确定

2. 填空题

(1) 若集合$A=(-1,3)$,$B=(0,5]$,则$A\cap B=$________,$A\cup B=$________.

(2) 若根式$\sqrt{3-2x-x^2}$有意义,则$x\in$________.

(3) 不等式组$\begin{cases}2x-3\geqslant 1\\3x-7<2\end{cases}$的解集为________.

(4) 不等式$|x-2|<4$的解集为________.

(5) 若$a\in\mathbf{R}$,则$a^2+2$ ________ $2a$.

(6) 若$x\in\mathbf{R}$,$y\in\mathbf{R}$,且$x+y=5$,则$3^x+3^y$的最小值为________.

3. 解下列不等式

(1) $x^2+5x-6<0$;　　(2) $x^2-16\geqslant 0$;

(3) $|4x-7|\leqslant 3$;　　(4) $|2x+1|>2$.

4. 若$a,b,c$这三个数中至少有一个不为0,试比较$a^2+b^2+c^2$与$2a+2b+2c-3$的大小.

5. 已知两集合$A=\{x\,|\,|x-a|<2\}$,$B=\{x\,|\,x^2-4x-5>0\}$,且$A\cap B=\varnothing$,求实数$a$的取值范围.

6. 已知 $a,b,c$ 均为正实数，求证：$a+b+c\geqslant\sqrt{ab}+\sqrt{bc}+\sqrt{ac}$.

7. 已知两实数 $x,y$ 满足 $x+2y=1$，求 $2^x+4^y$ 的取值范围.

# 趣味阅读

## 几个正数的算术平均数与几何平均数

已有知识：如果 $a,b$ 为正数，那么 $\frac{a+b}{2}\geqslant\sqrt{ab}$，当且仅当 $a=b$ 时取等号.

上面的结论可以推广到三个正数的情形.

如果 $a,b,c$ 为正数，那么 $\frac{a+b+c}{3}\geqslant\sqrt[3]{abc}$，当且仅当 $a=b=c$ 时取等号.

**例**　已知 $x,y,z$ 均为正数，求证

$$(x+y+z)^3\geqslant 27xyz.$$

**证明**　由 $x,y,z$ 均为正数，有

$$\frac{x+y+z}{3}\geqslant\sqrt[3]{xyz}.$$

于是

$$\frac{(x+y+z)^3}{27}\geqslant xyz,$$

即

$$(x+y+z)^3\geqslant 27xyz.$$

一般地，对于几个正数 $a_1,a_2,a_3,\cdots,a_n(n\geqslant 2)$，分别称式子 $\frac{a_1+a_2+a_3+\cdots+a_n}{n}$，$\sqrt[n]{a_1a_2\cdots a_n}$ 为这几个正数的算术平均数与几何平均数，这时有

$$\frac{a_1+a_2+a_3+\cdots+a_n}{n}\geqslant\sqrt[n]{a_1a_2\cdots a_n},$$

当且仅当 $a_1=a_2=a_3=\cdots=a_n$ 时，等号成立，即几个正数的算术平均数不小于它们的几何平均数.

# 第3章　函　数

大千世界缤纷多彩，一个事物的变化总是依赖于另一个(或几个)事物的变化.函数就是研究这些变化之间对应关系的数学模型，它是解决今后日常生活和职业岗位中诸多实际问题的重要数学工具之一.

本章将在初中已有函数知识的基础上，利用集合观念重新研究函数的概念、表示和性质，并重点研究幂函数、指数函数、对数函数这三种重要且常用的基本初等函数.

## 3.1　函数的概念及表示法

### 3.1.1　函数的概念

**★ 新知识点**

**1. 定　义**

在某一变化过程中有两个变量 $x$ 和 $y$，设变量 $x$ 的取值范围是数集 $D$，如果对于数集 $D$ 中的任意一个 $x$ 值，按照某个对应法则 $f$，$y$ 都有唯一确定的值与它对应，那么就称 $y$ 是 $x$ 的函数，记作

$$y=f(x),x\in D.$$

其中，$x$ 称为自变量，$x$ 的取值范围(即数集 $D$)称为函数的定义域；$y$ 称为因变量，与 $x$ 的某一值 $x_0$ 对应的 $y$ 值 $y=f(x_0)$称为函数值，函数值的集合$\{f(x)|x\in D\}$称为函数的值域.

**2. 三要素**

定义域、对应法则、值域是函数定义的三要素.当函数的定义域和对应法则确定后，函数的值也随之确定，从而定义域和对应法则是确定一个函数的两个关键要素.

定义域和对应法则完全相同的两函数是同一函数，与表示函数选用的字母无关，如 $y=x^3$ 和 $u=v^3$ 表示同一函数.

在研究函数时，除用记号 $f(x)$表示函数外，还常用 $g(x)$，$h(x)$，$P(x)$，$F(x)$，$G(x)$等记号表示函数.

**提醒：**如果函数对应法则用代数式表示时，那么函数定义域就是使这个代数式有意义的自变量取值的集合.

**★ 知识巩固**

**例 1**　求下列函数的定义域.

(1) $f(x)=\dfrac{1}{x-1}$；　　　　(2) $f(x)=\sqrt{1-x^2}$.

**解**　(1) 要使函数 $f(x)=\dfrac{1}{x-1}$有意义，必须使 $x-1\neq0$.于是

$$x \neq 1,$$

所以函数定义域为$(-\infty,1)\cup(1,+\infty)$.

(2) 要使函数 $f(x)=\sqrt{1-x^2}$有意义,必须使 $1-x^2\geqslant 0$. 于是

$$-1\leqslant x\leqslant 1,$$

所以函数定义域为$[-1,1]$.

**例 2** 设 $f(x)=\dfrac{4x-1}{3}$,求 $f(0)$,$f(1)$,$f(2)$,$f(a)$.

**解**

$$f(0)=\frac{4\times 0-1}{3}=-\frac{1}{3};$$

$$f(1)=\frac{4\times 1-1}{3}=1;$$

$$f(-2)=\frac{4\times(-2)-1}{3}=-3;$$

$$f(a)=\frac{4a-1}{3}.$$

**例 3** 指出下列各函数中,哪个与函数 $y=x$ 是同一函数.

(1) $y=\dfrac{x^2}{x}$;　　(2) $y=\sqrt{x^2}$;　　(3) $y=\sqrt[3]{x^3}$.

**解** (1) 函数 $y=\dfrac{x^2}{x}$定义域为$(-\infty,0)\cup(0,+\infty)$,函数 $y=x$ 定义域为 **R**,定义域不同,故不是同一函数.

(2) 函数 $y=\sqrt{x^2}=|x|$,其定义域与函数 $y=x$ 定义域相同,均是 **R**;但 $y=|x|$ 和 $y=x$ 两函数对应法则不同,故不是同一函数.

(3) 函数 $y=\sqrt[3]{x^3}=x$,它与函数 $y=x$ 定义域相同,均为 **R**,对应法则也相同,故是同一函数.

## 课堂练习 3.1.1

1. 求下列函数定义域.

(1) $f(x)=\dfrac{2}{x-2}$;　　(2) $f(x)=\sqrt{-x^2+5x-6}$.

2. 已知 $f(x)=2x-3$,求 $f(-1)$,$f(0)$,$f(1)$,$f(a)$.

### 3.1.2 函数的表示法

**★ 新知识点**

函数的表示法通常有解析法、列表法和图像法.

**1. 解析法**

用等式表示两变量之间函数关系的方法称为解析法,这个等式称为函数的解析式.

例如:正比例函数 $y=kx(k\neq 0)$、反比例函数 $y=\dfrac{k}{x}(k\neq 0)$、一次函数 $y=kx+b(k\neq 0)$、二次函数 $y=ax^2+bx+c(a\neq 0)$等都是用解析法表示的函数.

**2. 列表法**

用表格表示两变量之间函数关系的方法称为列表法.

例如:商店的售货员为计费方便,将购买某饮料瓶数 $x$(瓶)与应付款 $y$(元)的对应关系如表 3-1 所列.

**表 3-1**

| $x$/瓶 | 1 | 2 | 3 | 4 | 5 | 6 | 7 | … |
|---|---|---|---|---|---|---|---|---|
| $y$/元 | 3 | 6 | 9 | 12 | 15 | 18 | 21 | … |

**3. 图像法**

用图像表示两变量之间函数关系的方法称为图像法.

例如:某气象站用温度记录仪记录的 2016 年 2 月 14 日 0 时至 14 时某市的气温 $T$(℃)随时间 $t$(h)变化曲线如图 3-1 所示.

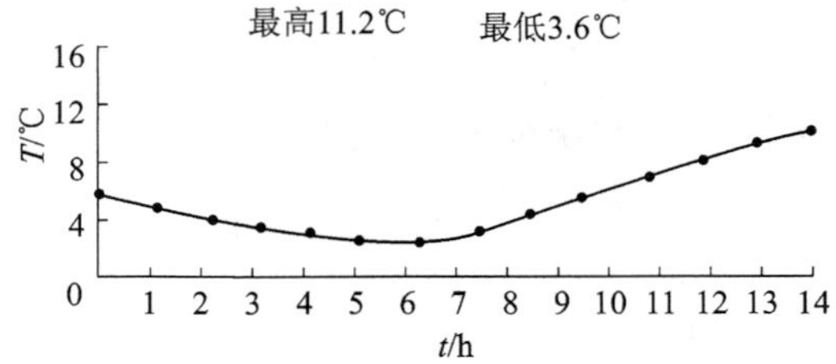


**图 3-1**

**★ 知识巩固**

**例 4** 文具店出售某种签字笔. 每支售价 2 元,应付款是购买签字笔数的函数,当购买不超 6 支的签字笔时,用三种方法表示这个函数.

**解** 设购买签字笔数为 $x$ 支,应付款 $y$ 元,则函数的定义域$\{1,2,3,4,5,6\}$

(1) 据题意,函数解析式为 $y=2x$,故函数的解析法表示为 $y=2x$,$x\in\{1,2,3,4,5,6\}$.

(2) 依据售价,分别计算购买 1~6 支签字笔所需的应付款,列成表格,得到函数的列表法表示(见表 3-2).

**表 3-2**

| $x$/支 | 1 | 2 | 3 | 4 | 5 | 6 |
|---|---|---|---|---|---|---|
| $y$/元 | 2 | 4 | 6 | 8 | 10 | 12 |

(3) 以表 3-2 中的 $x$ 值为横坐标,对应的 $y$ 值为纵坐标,在直角坐标系中依次作出(1,2),(2,4),(3,6),(4,8),(5,10),(6,12),得到函数的图像法表示(见图 3-2).

**提醒:** 已知函数的解析式、作函数图像的描点法步骤为,第 1 步,确定函数的定义域;第 2 步,选取自变量 $x$ 的值得相应 $y$ 值;第 3 步,依据 $x$ 与 $y$ 对应关系,$x$ 是横坐标,对应的 $y$ 为纵坐标,在直角坐标系 $xOy$ 上描出相应的点$(x,y)$;第 4 步,据题意确定是否将描出的点连接成光滑的曲线.

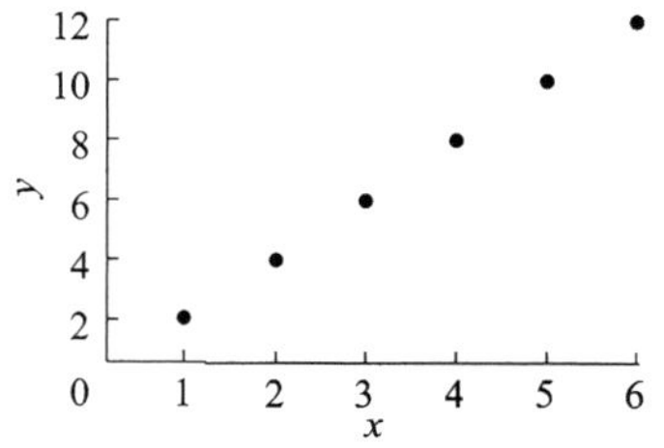


图 3－2

**例 5**　作出函数 $y=\sqrt{x}$ 的图像，并判定点(25，5)是否为图像上的点.

**解**　(1) 函数的定义域为$[0,+\infty)$.

(2) 在定义域内取若个整数(即 $x$ 值)，分别求出对应函数值列表(见表 3－3).

**表 3－3**

| $x$ | 0 | 1 | 2 | 3 | 4 | 5 | … |
|---|---|---|---|---|---|---|---|
| $y$ | 0 | 1 | 1.41 | 1.73 | 2 | 2.24 | … |

(3) 以表中 $x$ 值为横坐标，对应的 $y$ 值为纵坐标，在直角坐标系中描出相应点$(x,y)$.

(4) 用光滑曲线联结这些点得到函数图像(见图 3－3).

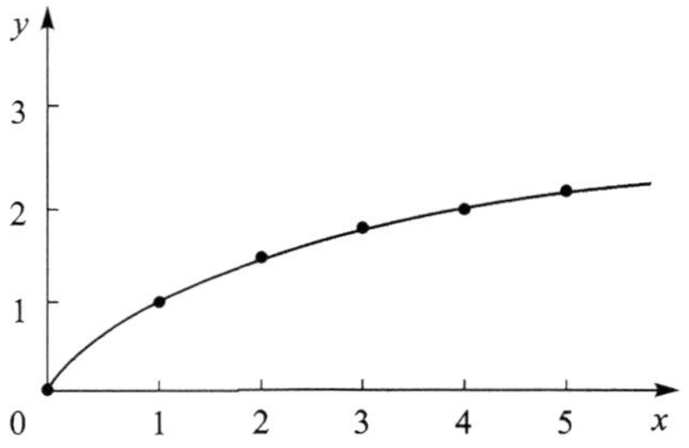


图 3－3

(5) 由于 $f(25)=\sqrt{25}=5$，所以点(25，5)在图像上.

**提醒**：在自变量的不同取值范围内，需要用不同的解析式表示的函数称为分段函数. 例如，$f(x)=\begin{cases}-x & x<0 \\ x & x\geqslant 0\end{cases}$ 是分段函数，对其求函数值，应将自变量的值代入相应范围的解析式中去计算，如 $f(-3)=-(-3)=3$，$f(3)=3$.

## 课堂练习 3.1.2

1. 分别作出函数 $y=|x+1|$ 和 $y=x^2-2x$ 的图像.

2. 设函数 $f(x)=\begin{cases}1 & x\leqslant 1 \\ \sqrt{x-1} & x>1\end{cases}$，求 $f[f(2)]$ 的值.

3. 若 $f(x+1)=x+3$，求 $f(x)$.

## 习题 3.1

1. 求下列函数的定义域.

(1) $y=x^2-x-2$；　(2) $y=\dfrac{1}{x+3}$；　(3) $\sqrt{3x^2-2x-1}$.

2. 设 $f(x)=x^2-2$,求 $f(-2)$,$f(0)$,$f(2)$,$f(a)$.

3. 判定下列各组函数是否为同一函数.

(1) $y=(\sqrt{x})^2$ 和 $y=\sqrt{x^2}$；

(2) $y=x+2$ 和 $y=\dfrac{x^2-4}{x-2}$.

4. 作出下列函数图像.

(1) $y=x^2-2x-3$；　(2) $y=x-1$，　$x\in\{-2,-1,0,1,2\}$.

5. 设函数 $f(x)=\begin{cases}-x & -3\leqslant x<0\\ x^2 & 0\leqslant x\leqslant 3\end{cases}$,求函数定义域以及 $f(-1)$,$f(0)$,$f[f(-2)]$的值.

6. 已知 $f(x)+2f\left(\dfrac{1}{x}\right)=2x+1$,求 $f(x)$.

# 3.2　函数的基本性质

## 3.2.1　函数的单调性

**★ 新知识点**

实例观察：函数 $y=x^2$ 的图像(见图 3-4)可以看出：

(1) 图像在 $y$ 轴的右侧部分是上升的,即当 $x>0$ 时($x\in(0,+\infty)$),随着 $x$ 值的增大,相应的 $y$ 值也随之增大；

(2) 图像在 $y$ 轴在左侧部分是下降的,即当 $x<0$ 时($x\in(-\infty,0)$),随着 $x$ 值的增大,相应的 $y$ 值反而减小.

函数值 $y$ 随着自变量 $x$ 的增大而增大(或减小)的性质称为函数的单调性.

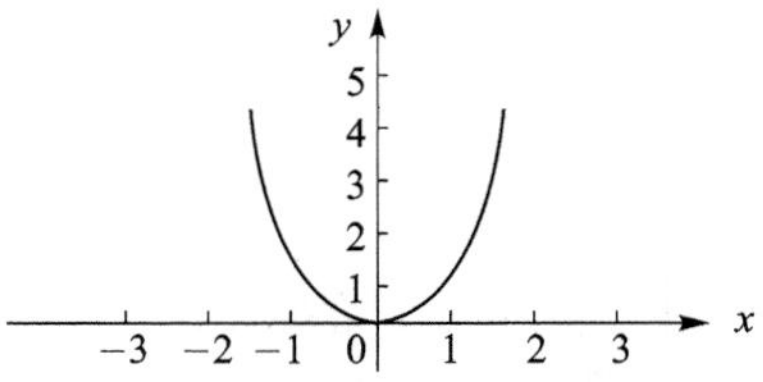


图 3-4

一般地,设函数 $y=f(x)$在区间$(a,b)$上有意义,若对任意的 $x_1$,$x_2\in(a,b)$且 $x_1<x_2$ 时,

(1) 若都有 $f(x_1)<f(x_2)$成立,称函数 $y=f(x)$在区间$(a,b)$上是增函数,区间$(a,b)$称为函数 $y=f(x)$的增区间,如图 3-5(a)所示.

(2) 若都有 $f(x_1)>f(x_2)$ 成立,称函数 $y=f(x)$ 在区间 $(a,b)$ 上是减函数,区间 $(a,b)$ 称为函数 $y=f(x)$ 的减区间,如图 3-5(b)所示.

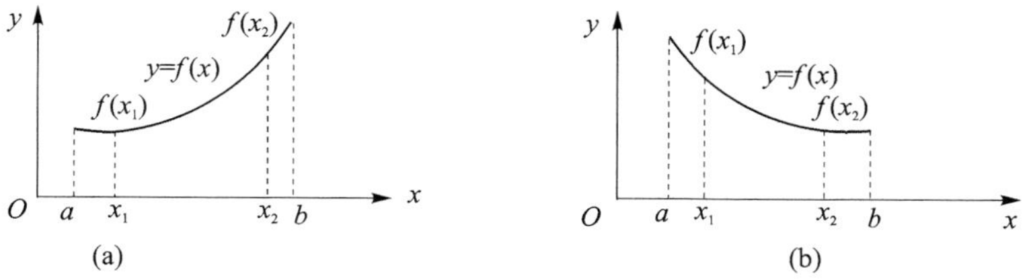


**图 3-5**

显然,在单调区间上,增函数的图像是上升的,减函数的图像是下降的.

**提醒:**函数的单调性是函数的一个局部性质,是相对于函数定义域内的某个区间(即单调区间)而言的.同时函数的单调区间一般是指保持函数这一种单调性的最大区间.

判定一个函数在某一区间的单调性,可以通过观察函数图像从直观上进行判定,也可以利用函数单调性的定义进行证明.

## ★ 知识巩固

**例 1** 图 3-6 是定义在闭区间 $[-3,3]$ 上的函数 $y=f(x)$ 图像,根据图像指出这个函数的单调区间,并判定它在每一个单调区间上是增函数还是减函数.

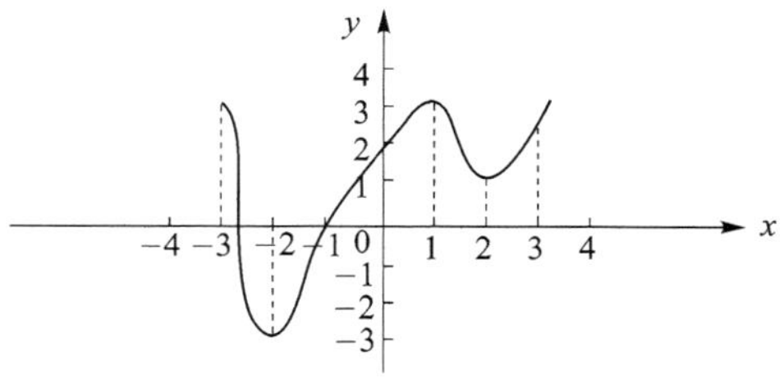


**图 3-6**

**解** 由图像可知,函数 $y=f(x)$ 的单调区间为 $[-3,-2)$,$[-2,1)$,$[1,2)$,$[2,3]$.

函数 $y=f(x)$ 在 $[-3,-2)$,$[1,2)$ 上是减函数,在 $[-2,1)$,$[2,3]$ 上是增函数.

**例 2** 判定函数 $f(x)=\dfrac{1}{x}$ 在 $(0,+\infty)$ 上的单调性.

**解** 任取 $x_1,x_2\in(0,+\infty)$ 且 $x_1<x_2$,则

$$f(x_1)-f(x_2)=\frac{1}{x_1}-\frac{1}{x_2}=\frac{x_2-x_1}{x_1x_2}.$$

由 $x_1,x_2\in(0,+\infty)$ 且 $x_1<x_2$,有

$$x_1\cdot x_2>0,\quad x_2-x_1>0.$$

于是
$$f(x_1)-f(x_2)>0,$$

即
$$f(x_1)>f(x_2).$$

所以,$f(x)=\dfrac{1}{x}$ 在 $(0,+\infty)$ 上是减函数.

## 课堂练习 3.2.1

1. 图 3-7 是定义在$[-\pi,\pi]$上函数 $y=f(x)$的图像,根据图像指出这个函数的单调区间,并判定它在每一个单调区间上是增函数还是减函数.

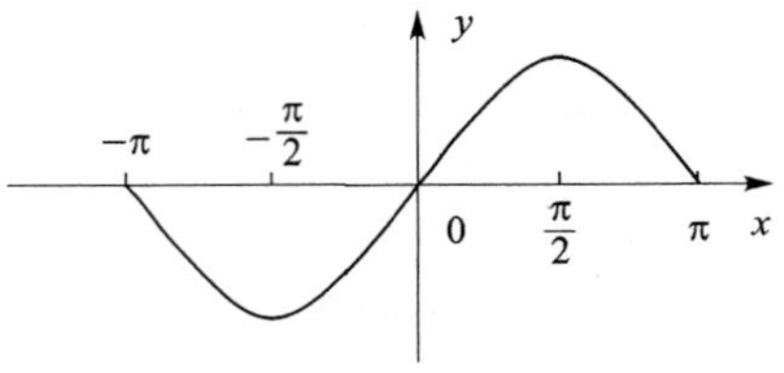


图 3-7

2. 作出函数 $y=f(x)=x^2+2x$. $x\in[-2,2]$的图像,并指出其单调性.

3. 证明函数 $f(x)=\dfrac{2}{x}$在$(-\infty,0)$上是减函数.

## 3.2.2 函数的奇偶性

### ★ 新知识点

**1. 对称点的坐标特征**

一般地,设点 $P(x,y)$是直角坐标平面内任意一点,则

(1) 点 $P(x,y)$关于 $x$ 轴的对称点的坐标为$(x,-y)$;

(2) 点 $P(x,y)$关于 $y$ 轴的对称点的坐标为$(-x,y)$;

(3) 点 $P(x,y)$关于原点的对称点的坐标为$(-x,-y)$;

(4) 点 $P(x,y)$关于一、三象限角平分线 $y=x$ 的对称点的坐标为$(y,x)$;

(5) 点 $P(x,y)$关于二、四象限角平分线 $y=-x$ 的对称点的坐标为$(-y,-x)$.

**2. 函数的奇偶性**

实例观察:函数 $y=f(x)=x^2$ 和 $y=g(x)=x^3$ 图像如图 3-8 所示.

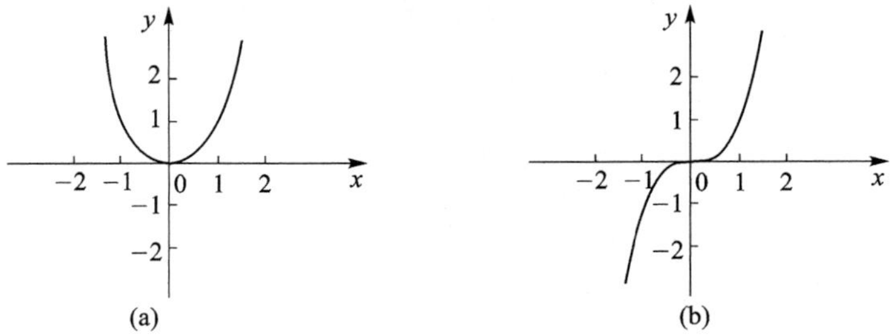


图 3-8

可以看出:函数 $y=f(x)=x^2$ 图像关于 $y$ 轴对称,具有 $f(-x)=(-x)^2=x^2=f(x)$的性质;函数 $y=g(x)=x^3$ 图像关于原点中心对称,具有 $g(x)=(-x)^3=-x^3=-g(x)$的性质.

一般地,设函数 $y=f(x)$的定义域为数集 $D$,对于任意的 $x\in D$,有$-x\in D$.(否则 $y=f(x)$是非奇非偶函数)

(1) 若都有 $f(-x)=-f(x)$,则称 $y=f(x)$是奇函数;

(2) 若都有 $f(-x)=f(x)$,则称 $y=f(x)$是偶函数;

(3) 若 $f(-x)\neq -f(x)$且 $f(-x)\neq f(x)$,则称 $y=f(x)$是非奇非偶函数.

若一个函数是奇函数或是偶函数,则称这个函数具有奇偶性.

**提醒:**判定一个函数是否具有奇偶性,首先要看其定义域是否关于原点对称,否则函数就是非奇非偶函数,它不具有奇偶性.

判定一个函数的奇偶性,可以通过观察图像从直观上进行判定,也可以利用函数奇偶性的定义进行证明.

## ★ 知识巩固

**例 3** 判定下列函数的奇偶性.

(1) $f(x)=x^3+x$; (2) $f(x)=x^2+3$;

(3) $f(x)=x^2+3x$; (4) $f(x)=\sqrt{x}$.

**解** (1) 易知 $f(x)=x^3+x$ 的定义域为$(-\infty,+\infty)$,任取 $x\in(-\infty,+\infty)$均有$-x\in(-\infty,+\infty)$且$f(-x)=(-x)^3+(-x)=-(x^3+x)=-f(x)$,所以 $f(x)=x^3+x$ 是奇函数.

(2) 易知 $f(x)=x^2+3$ 的定义域为$(-\infty,+\infty)$,任取 $x\in(-\infty,+\infty)$均有$-x\in(-\infty,+\infty)$且 $f(-x)=(-x)^2+3=x^2+3=f(x)$,所以 $f(x)=x^2+3$ 是偶函数.

(3) 易知 $f(x)=x^2+3x$ 的定义域为$(-\infty,+\infty)$,任取 $x\in(-\infty,+\infty)$均有$-x\in(-\infty,+\infty)$且 $f(-x)=(-x)^2+3(-x)=x^2-3x\neq\begin{cases}-f(x)\\ f(x)\end{cases}$,所以 $f(x)=x^2+3x$ 是非奇非偶函数.

(4) 易知 $f(x)=\sqrt{x}$的定义域为$[0,+\infty)$,定义域关于原点不对称,所以 $f(x)=\sqrt{x}$是非奇非偶函数.

## 课堂练习 3.2.2

1. 判定下列函数的奇偶性.

(1) $f(x)=|x|$; (2) $f(x)=\dfrac{1}{x}$;

(3) $f(x)=-x+1$; (4) $f(x)=-x^2+1,x\in(-3,3]$.

2. 求点 $P(1,-2)$关于:(1) $x$ 轴的对称点的坐标;(2) $y$ 轴的对称点的坐标;(3) 原点的对称点的坐标;(4) 一、三象限角平分线 $y=x$ 的对称点的坐标.

3. 若偶函数 $y=f(x)$在$[0,+\infty)$是增函数,比较 $f(-1,5)$,$f(-1)$,$f(2)$的大小.

# 习题 3.2

1. 作出 $y=f(x)=-x+1$ 的图像,并判定在$(-\infty,+\infty)$上是增函数还是减函数.

2. 证明函数 $f(x)=-x^3+1$ 在$(0,+\infty)$上是减函数.

3. 判定下列函数的奇偶性.

(1) $f(x)=x+\frac{2}{x}$;　　(2) $f(x)=\frac{1}{x^2+1}$;

(3) $f(x)=x|x|$;　　(4) $f(x)=-x+2$.

4. 已知函数 $f(x)$ 定义域为 $(0,+\infty)$,且 $f(x)$ 在 $(0,+\infty)$ 上是增函数,解不等式 $f(x)-f\left(\frac{1}{2}-x\right)\leqslant 0$.

## 3.3 反函数

### ★ 新知识点

**1. 反函数的概念**

实例观察:物体按速度 $v$ 做匀速直线运动,则位移 $s$ 是时间 $t$ 的函数,即 $s=vt$.其中 $t$ 是自变量,定义域为 $[0,+\infty)$;$s$ 是因变量,值域为 $[0,+\infty)$.反过来也可由位移 $s$ 变化来确定时间 $t$ 的变化,即时间 $t$ 是位移 $s$ 的函数,即 $t=\frac{s}{v}$.其中 $s$ 是自变量,定义域为 $[0,+\infty)$;$t$ 是因变量,值域为 $[0,+\infty)$.

(1) 定义:在这种情况下,我们称 $t=\frac{s}{v}$ 是 $s=vt$ 的反函数.一般地,给出下面定义.

设函数 $y=f(x)$,其定义域为 $A$,值域为 $B$.如果对于任意一个 $y\in B$,都可以由函数关系式 $y=f(x)$ 确定唯一的 $x$ 值 $(x\in A)$ 与之对应,那么就确定了一个以 $y$ 为自变量的函数 $x=\varphi(y)$,这样的函数 $x=\varphi(y)(y\in B)$,称为 $y=f(x)(x\in A)$ 的反函数,记为

$$x=f^{-1}(y)\quad(y\in B)$$

其中,在 $y=f(x)$ 中以变量 $y$ 反求变量 $x$ 的对应法则 $f^{-1}$ 称为原对应法则 $f$ 的反对应法则.而习惯上,一般用 $x$ 表示自变量,$y$ 表示因变量,故在函数 $x=f^{-1}(y)(y\in B)$ 中对调 $x$ 和 $y$ 的位置,$y=f(x)(x\in A)$ 的反函数改写为 $y=f^{-1}(x)(x\in B)$.

(2) 求反函数的步骤:第 1 步,将原函数 $y=f(x)(x\in A,y\in B)$ 看成方程,从中解出 $x$,得直接反函数 $x=f^{-1}(y)(y\in B,x\in A)$;第 2 步,变换直接反函数中 $x$ 和 $y$ 的位置得矫形反函数,即习惯上的反函数为 $y=f^{-1}(x)(x\in B,y\in A)$.

(3) 函数和反函数间定义域、值域关系:函数 $y=f(x)$ 的定义域 $A$ 是反函数 $y=f^{-1}(x)$ 的值域,函数 $y=f(x)$ 的值域是反函数 $y=f^{-1}(x)$ 的定义域.

**提醒**:不是每个函数 $y=f(x)$ 在其定义域内都有反函数,只有当函数的反对应法则 $f^{-1}$ 是单值对应时,函数 $y=f(x)$ 才有反函数.如函数 $y=x^2,x\in(-\infty,+\infty)$,有 $x=\pm\sqrt{y}$,说明函数的反对应法则不是单值对应的,从而 $y=x^2,x\in(-\infty,+\infty)$ 没有反函数;但是若改变定义域,即函数 $y=x^2,x\in(0,+\infty)$,有 $x=\sqrt{y}$,这时反对应法则就是单值对应的,可得到反函数为 $y=\sqrt{x},x\in(0,+\infty)$.

**2. 互为反函数的函数图像间的关系.**

一般地,函数 $y=f(x)$ 的图像和它的反函数 $y=f^{-1}(x)$ 的图像关于一、三象限角平分线 $y=x$ 对称.

## ★ 知识巩固

**例 1**　求下列函数的反函数.

(1) $y=3x+1(x\in\mathbf{R})$;　　(2) $y=\sqrt{x}-1(x\geqslant 0)$;

(3) $y=\dfrac{2x-3}{x+1}(x\in\mathbf{R}$ 且 $x\neq -1)$;　　(4) $y=x^2(x\leqslant 0)$.

**解**　(1) 由 $y=3x+1$ 得 $x=\dfrac{y-1}{3}$,

所以 $y=3x+1(x\in\mathbf{R})$的反函数为 $y=\dfrac{x-1}{3}(x\in\mathbf{R})$.

(2) 由 $y=\sqrt{x}-1$ 得 $x=(y+1)^2$,

所以 $y=\sqrt{x}-1(x\geqslant 0)$的反函数为 $y=(x+1)^2(x\geqslant -1)$.

(3) 由 $y=\dfrac{2x-3}{x+1}$得 $x=\dfrac{3+y}{2-y}$,

所以 $y=\dfrac{2x-3}{x+1}(x\in\mathbf{R}$ 且 $x\neq 1)$的反函数为 $y=\dfrac{3+x}{2-x}(x\in\mathbf{R}$ 且 $x\neq 2)$.

(4) 由 $y=x^2(x\leqslant 0)$得 $x=-\sqrt{y}$,

所以 $y=x^2(x\leqslant 0)$的反函数为 $y=-\sqrt{x}(x\geqslant 0)$.

**例 2**　求 $y=x^3(x\in\mathbf{R})$的反函数,并画出原函数和它的反函数的图像.

**解**　由 $y=x^3$ 得 $x=\sqrt[3]{y}$,

所以 $y=x^3(x\in\mathbf{R})$的反函数为 $y=\sqrt[3]{x}(x\in\mathbf{R})$.

函数 $y=x^3=x^3(x\in\mathbf{R})$和反函数 $y=\sqrt[3]{x}(x\in\mathbf{R})$的图像如图 3－9 所示.

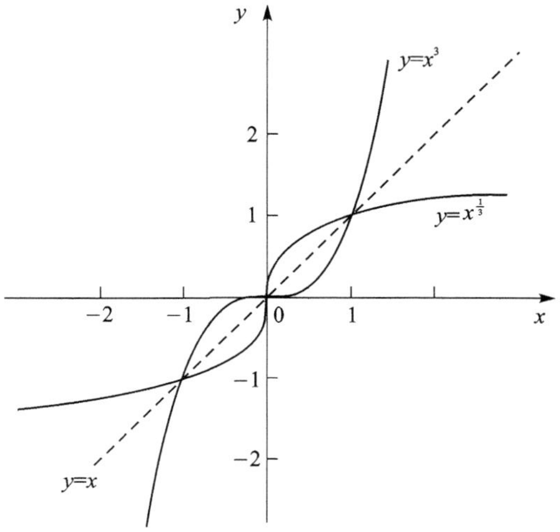


**图 3－9**

从图中也可知,原函数 $y=x^3(x\in\mathbf{R})$和它的反函数 $y=\sqrt[3]{x}(x\in\mathbf{R})$的图像关于一、三象限角平分线 $y=x$ 对称.

## 课堂练习 3.3

1. 求下列函数的反函数.

(1) $y=2x-1(x\in\mathbf{R})$；　　(2) $y=\sqrt{x-2}(x\geqslant 2)$；

(3) $y=x^2+2(x\geqslant 0)$；　　(4) $y=\dfrac{x}{2x-1}(x\in\mathbf{R}$ 且 $x\neq\dfrac{1}{2})$.

2. 求函数 $y=2x+1(x\in\mathbf{R})$的反函数,并画出函数及其反函数的图像.

## 习题 3.3

1. 求下列函数的反函数.

(1) $y=\sqrt{x-2}(x\geqslant 2)$；　　(2) $y=\dfrac{x-2}{x+1}(x\in\mathbf{R}$ 且 $x\neq -1)$；

(3) $y=\sqrt[3]{x}-1(x\in\mathbf{R})$；　　(4) $y=x^3-1(x\in\mathbf{R})$.

2. 若函数 $y=\dfrac{x+1}{2x-3}$,求其反函数 $y=f^{-1}(x)$的值域.

3. 若函数 $f(x)=\dfrac{x-2}{x+1}$,求 $f^{-1}(2)$.

4. 已知 $y=\dfrac{1}{3}+b$ 与 $y=ax+3$ 互为反函数,求常数 $a,b$ 的值.

5. 已知函数 $f(x)=\dfrac{ax+b}{x+c}$,其反函数为 $f^{-1}(x)=\dfrac{4x-3}{2-x}$,求常数 $a,b,c$ 的值.

# 3.4 指数与指数函数

### 3.4.1 指　数

**★ 新知识点**

知识引入:在初中,我们曾学过整数指数幂概念和运算法则.

(1) 定义:当 $n\in\mathbf{N}^*$ 时,$a^n=\overbrace{a\cdot a\cdot a\cdot\cdots\cdot a}^{n\text{个}}$,并规定当 $a\neq 0$ 时,$a^0=1$,$a^{-n}=\dfrac{1}{a^n}$.

(2) 运算法则:若 $a\neq 0,b\neq 0,m,n$ 为整数,有 $a^m\cdot b^n=a^{m+n}$,$(a^m)^n=a^{mn}$,$(a\cdot b)^n=a^nb^n$,$\dfrac{a^m}{a^n}=a^{m-n}$.

**1. 几次根式**

实例观察:若 $x^2=a(a\geqslant 0)$,则称 $x=\pm\sqrt{a}$是 $a$ 的平方根;若 $x^3=a$,则称 $x=\sqrt[3]{a}$是 $a$ 的立方根.

一般地,如果 $x^n=a(a\in\mathbf{R},n\in\mathbf{N}^*$ 且 $n>1)$,则称 $x$ 是 $a$ 的 $n$ 次方根.

(1) $n$ 为奇数时,正数的 $n$ 次方根为一个正数,负数的 $n$ 次方根为一个负数,从而 $a$ 的 $n$ 次方根记为$\sqrt[n]{a}$.

(2) $n$ 为偶数时,正数 $a$ 的 $n$ 次方根有两个且互为相反数,分别记为$-\sqrt[n]{a}$和$\sqrt[n]{a}$,其中正的 $n$ 次方根$\sqrt[n]{a}$称为 $a$ 的 $n$ 次算术根,负数没有偶次方根.

(3) 0 的 $n$ 次方根为 0,记为$\sqrt[n]{0}=0$.

形如$\sqrt[n]{a}$($a\in\mathbf{R}$,$n\in\mathbf{N}^*$ 且 $n>1$)的式子称为 $n$ 次根式,其中 $n$ 称为根指数,$a$ 称为被开方数.

**提醒:**$\sqrt[n]{a^n}$不一定等于 $a$,当 $n$ 为奇数时 $\sqrt[n]{a^n}=a$;当 $n$ 为偶数时 $\sqrt[n]{a^n}=|a|$.

**2. 分数指数幂**

(1) 定义:$a^{\frac{m}{n}}=\sqrt[n]{a^m}$($m,n\in\mathbf{N}^*$ 且 $n>1$)称为正分数指数幂,当 $n$ 为奇数时,需 $a\in\mathbf{R}$;当 $n$ 为偶数时,需 $a\geqslant 0$. $a^{-\frac{m}{n}}=\dfrac{1}{a^{-\frac{m}{n}}}=\dfrac{1}{\sqrt[n]{a^m}}$($m,n\in\mathbf{N}^*$ 且 $n>1$)称为负分数指数幂,当 $n$ 为奇数时,需 $a\neq 0$;当 $n$ 为偶数时,需 $a>0$.

(2) 运算法则:若 $a,b>0$,$p,q$ 为有理数,有 $a^p\cdot a^q=a^{p+q}$,$(a^p)^q=a^{pq}$,$(ab)^p=a^pb^p$,$\dfrac{a^p}{a^q}=a^{p-q}$.

事实上,可以将有理数指数幂推广到实数指数幂,且当 $p,q$ 为实数时,上述运算法则仍成立.

## ★ 知识巩固

**例 1**　将下列各根式写成分数指数幂的形式.

(1) $\sqrt[3]{9}$;　　(2) $\sqrt{x^3}$;　　(3) $\dfrac{1}{\sqrt[5]{a^3}}$;　　(4) $\dfrac{1}{\sqrt{x}}$.

**解**　(1) $\sqrt[3]{9}=\sqrt[3]{3^2}=3^{\frac{2}{3}}$;

(2) $\sqrt{x^3}=x^{\frac{3}{2}}$;

(3) $\dfrac{1}{\sqrt[5]{a^3}}=a^{-\frac{3}{5}}$;

(4) $\dfrac{1}{\sqrt{x}}=x^{-\frac{1}{2}}$.

**例 2**　将下列分数指数幂写成根式的形式.

(1) $a^{\frac{4}{3}}$;　　(2) $a^{\frac{3}{2}}$;　　(3) $a^{-\frac{5}{2}}$;　　(4) $a^{-\frac{3}{5}}$.

**解**　(1) $a^{\frac{4}{3}}=\sqrt[3]{a^4}$;

(2) $a^{\frac{3}{2}}=\sqrt{a^3}$;

(3) $a^{-\frac{5}{2}}=\dfrac{1}{\sqrt{a^5}}$;

(4) $a^{-\frac{3}{5}}=\dfrac{1}{\sqrt[5]{a^3}}$.

**例 3** 计算下列各式的值.

(1) $8^{\frac{2}{3}}$；(2) $100^{\frac{1}{2}}$；(3) $\left(\frac{1}{8}\right)^{-\frac{1}{3}}$；(4) $\left(\frac{81}{16}\right)^{-\frac{3}{4}}$.

**解** (1) $8^{\frac{2}{3}}=(2^3)^{\frac{2}{3}}=2^{3\times\frac{2}{3}}=2^2=4$；

(2) $100^{\frac{1}{2}}=(10^2)^{\frac{1}{2}}=10^{2\times\frac{1}{2}}=10^1=10$；

(3) $\left(\frac{1}{8}\right)^{-\frac{1}{3}}=(2^{-3})^{-\frac{1}{3}}=2^{-3\times(-\frac{1}{3})}=2^1=2$；

(4) $\left(\frac{81}{16}\right)^{-\frac{3}{4}}=\left[\left(\frac{3}{2}\right)^4\right]^{-\frac{3}{4}}=\left(\frac{3}{2}\right)^{4\times\left(-\frac{3}{4}\right)}=\left(\frac{3}{2}\right)^{-3}=\left(\frac{2}{3}\right)^3=\frac{8}{27}$.

**例 4** 化简下列各式.

(1) $(2a^{\frac{2}{3}}b^{\frac{1}{2}})\cdot(-6a^{\frac{1}{2}}b^{\frac{1}{3}})\div(-3a^{\frac{1}{6}}b^{\frac{5}{6}})$；

(2) $\frac{(2a^4b^3)^4}{(3a^3b)^2}$；

(3) $(a^{\frac{1}{2}}+b^{\frac{1}{2}})(a^{\frac{1}{2}}-b^{\frac{1}{2}})$.

**解** (1) $(2a^{\frac{2}{3}}b^{\frac{1}{2}})\cdot(-6a^{\frac{1}{2}}b^{\frac{1}{3}})\div(-3a^{\frac{1}{6}}b^{\frac{5}{6}})$

$=[2\times(-6)\div(-3)]a^{\frac{2}{3}+\frac{1}{2}-\frac{1}{6}}b^{\frac{1}{2}+\frac{1}{3}-\frac{5}{6}}$

$=4ab^0=4a$

(2) $\frac{(2a^4b^3)^4}{(3a^3b)^2}=\frac{16a^{16}b^{12}}{9a^6b_2}=(16\div9)a^{16-6}\cdot b^{12-2}=\frac{16}{9}a^{10}b^{10}$；

(3) $(a^{\frac{1}{2}}+b^{\frac{1}{2}})(a^{\frac{1}{2}}-b^{\frac{1}{2}})=(a^{\frac{1}{2}})^2-(b^{\frac{1}{2}})^2=a-b$.

## 课堂练习 3.4.1

1. 将下列各根式写成分数指数幂的形式.

(1) $\sqrt[3]{(m-n)^2}$；(2) $\frac{m^2}{\sqrt{m}}$；(3) $\sqrt{a\sqrt{a}}$；(4) $a\cdot\sqrt{a}$.

2. 计算下列各式的式.

(1) $\sqrt{(-3)^2}$；(2) $\sqrt[4]{(3-\pi)^4}$；(3) $27^{\frac{2}{3}}$；(4) $\left(\frac{1}{2}\right)^{-3}$.

3. 化简下列各式.

(1) $(a^{\frac{2}{3}}b^{\frac{1}{2}})^3\cdot(2a^{-\frac{1}{2}}b^{\frac{5}{8}})^4$；(2) $\left(\frac{a^{\pi+1}b^{\frac{3}{2}}}{a^{\pi}}\right)^2$.

4. 若 $x^{\frac{1}{2}}+x^{-\frac{1}{2}}=2$，求 $x+x^{-1}$ 的值.

## 3.4.2 幂函数举例

### ★ 新知识点

实例观察：一次函数 $y=x$，二次函数 $y=x^2$，反比例函数 $y=\frac{1}{x}$（即 $y=x^{-1}$）的解析式，均是以幂的形式出现的，幂的底数是自变量 $x$，指数是常数.

**1. 定　义**

一般地，形如 $y=x^{\alpha}$（$\alpha\in\mathbf{R}$）的函数称为幂函数，其中 $\alpha$ 是常数，$x$ 是自变量，定义域是使 $x^{\alpha}$ 有意义的实数 $x$ 的集合.

**2. 图像和性质**

（1）$\alpha>0$ 时，在同一个坐标系中，作出 $y=x^{\frac{1}{3}}$，$y=x^{\frac{1}{2}}$，$y=x$，$y=x^2$，$y=x^3$ 的图像，如图 3－10 所示.

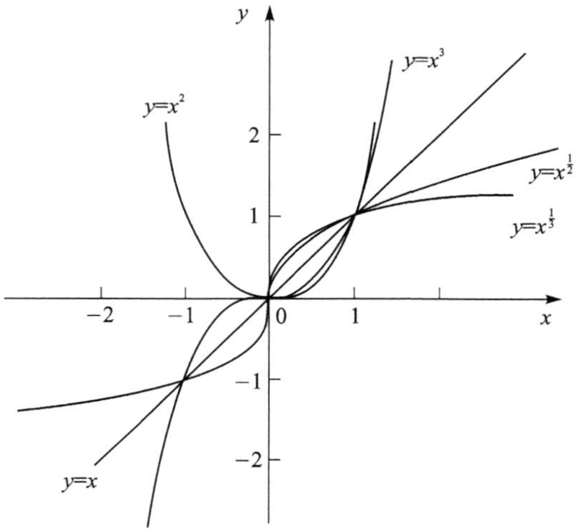


**图 3－10**

综上可知：$y=x^{\alpha}(\alpha>0)$ 的图像过点(0，0)和(1，1)，在(0，+∞)上是增函数.

（2）$\alpha<0$ 时，在同一坐标系中，作出 $y=x^{-2}$，$y=x^{-3}$ 的图像，如图 3－11 所示.

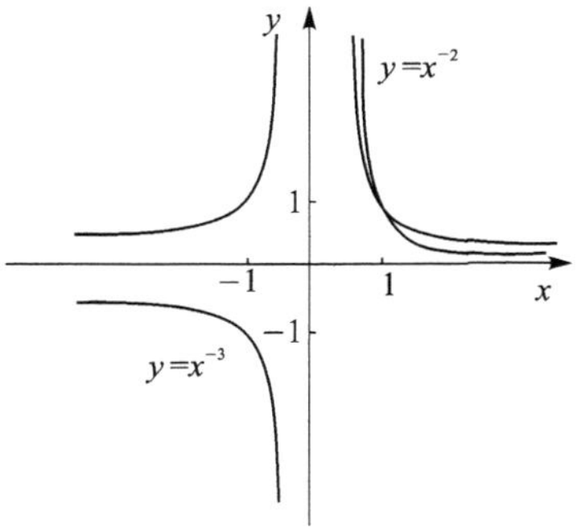


**图 3－11**

综上可知：$y=x^{\alpha}(\alpha<0)$ 的图像过点(1，1)，在(0，+∞)上是减函数.

## ★ 知识巩固

**例 5**　在函数 $y=\dfrac{1}{x^2}$，$y=2x^3$，$y=x^2-2x$，$y=1$ 中，哪几个函数是幂函数？

**解**　$y=\dfrac{1}{x^2}=x^{-2}$ 是幂函数，而 $y=2x^3$，$y=x^2-2x$，$y=1$ 分别是一般三次函数、二次函

数、常值函数,故只有 $y=\frac{1}{x^2}$ 是幂函数.

**例 6** 若幂函数 $y=f(x)$ 的图像过点 $(3,\sqrt{3})$,求函数解析式.

**解** 设幂函数为 $y=f(x)=x^\alpha$.

由幂函数 $y=f(x)=x^\alpha$ 图像过点 $(3,\sqrt{3})$,于是

$$\sqrt{3}=f(3)=3^\alpha,$$

有

$$\alpha=\frac{1}{2},$$

所以幂函数为

$$y=f(x)=x^{\frac{1}{2}}.$$

**例 7** 比较下列各组中两个值的大小.

(1) $0.84^{\frac{4}{3}}$ 与 $0.76^{\frac{4}{3}}$; (2) $2.5^{-\frac{2}{3}}$ 和 $2.3^{-\frac{2}{3}}$

**解** (1) 由幂函数 $f(x)=x^{\frac{4}{3}}$ 中 $\frac{4}{3}>0$ 知,当 $x>0$ 时,幂函数 $f(x)=x^{\frac{4}{3}}$ 是增函数,又 $0.84>0.76$,故 $0.84^{\frac{4}{3}}>0.76^{\frac{4}{3}}$.

(2) 由幂函数 $g(x)=x^{-\frac{2}{3}}$ 中 $-\frac{2}{3}<0$ 知,当 $x>0$ 时,幂函数 $g(x)=x^{-\frac{2}{3}}$ 是减函数,又 $2.5>2.3$,故 $2.5^{-\frac{2}{3}}<2.3^{-\frac{2}{3}}$.

## 课堂练习 3.4.2

1. 比较下列各组中两个值的大小.

(1) $1.2^{3.2}$ 与 $1.5^{3.2}$; (2) $(a^2+2)^{-3}$ 与 $a^{-6}$.

2. 用描点法在同一坐标系中作出幂函数 $y=x^{\frac{2}{3}}$ 和 $y=x^{-1}$ 的图像,并结合函数图像指出它们的单调性与奇偶性.

## 3.4.3 指数函数

### ★ 新知识点

实例观察:某种生物的细胞分裂,第一次由 1 个分裂成 $2(2^1)$ 个,第二次由 2 个分裂成 $4(2^2)$ 个,第三次由 4 个分裂成 $8(2^3)$ 个……按此规律,第 $x$ 次细胞分裂后,细胞个数 $y$ 与分裂次数 $x$ 的关系为 $y=2^x$,其中底数为常数 2,$x$ 是自变量.

**1. 定 义**

一般地,形如 $y=a^x(a>0$ 且 $a\neq1)$ 的函数称为指数函数,其中底数 $a$ 为常数,定义域为 $\mathbf{R}$,值域为 $(0,+\infty)$. 例如,$y=0.6^x$,$y=3^x$,$y=(\frac{1}{5})^x$,$y=10^x$ 均是指数函数.

**2. 图像和性质**

(1) $0<a<1$ 时,以 $y=(\frac{1}{2})^x$ 和 $y=(\frac{1}{3})^x$ 为例作出图像列表(见表 3-4),描点、连线得到图像,如图 3-12 所示.

表 3－4

| $x$ | … | $-2$ | $-1$ | 0 | 1 | 2 | … |
|---|---|---|---|---|---|---|---|
| $y=\left(\frac{1}{2}\right)^x$ | … | 4 | 2 | 1 | $\frac{1}{2}$ | $\frac{1}{4}$ | … |
| $y=\left(\frac{1}{3}\right)^x$ | … | 9 | 3 | 1 | $\frac{1}{3}$ | $\frac{1}{9}$ | … |

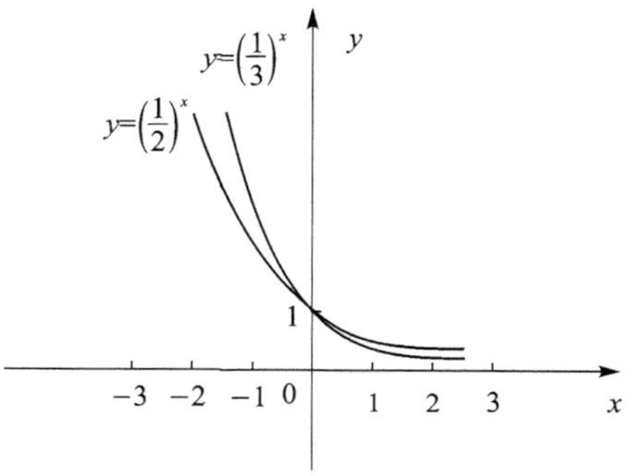


图 3－12

(2) $a>1$ 时，以 $y=2^x$ 和 $y=3^x$ 为例作出图像列表(见表 3－5)，描点、连线得到图像，如图 3－13 所示.

表 3－5

| $x$ | … | $-2$ | $-1$ | 0 | 1 | 2 | … |
|---|---|---|---|---|---|---|---|
| $y=2^x$ | … | $\frac{1}{4}$ | $\frac{1}{2}$ | 1 | 2 | 4 | … |
| $y=3^x$ | … | $\frac{1}{9}$ | $\frac{1}{3}$ | 1 | 3 | 9 | … |

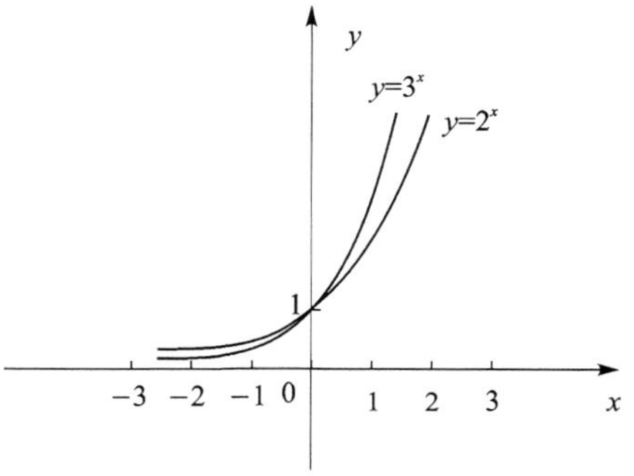


图 3－13

观察上述图像，发现图像特征：

(1) 函数 $y=a^x(0<a<1$ 或 $a>1)$ 的图像均在 $x$ 轴上方，向上无限延展，向下无限趋近于

$x$ 轴.

(2) 函数 $y=a^x(0<a<1$ 或 $a>1)$ 的图像均过点 $(0,1)$.

(3) 函数 $y=a^x(0<a<1)$ 的图像下降,函数 $y=a^x(a>1)$ 的图像上升.

根据图像特征得函数性质:

(1) 函数 $y=a^x(a>0$ 且 $a\neq1)$ 的定义域为 $\mathbf{R}$,值域为 $(0,+\infty)$.

(2) 当 $x=0$ 时,函数值 $y=1$.

(3) 当 $0<a<1$ 时,函数 $y=a^x$ 在 $(-\infty,+\infty)$ 上是减函数;

当 $a>1$ 时,函数 $y=a^x$ 在 $(-\infty,+\infty)$ 上是增函数.

## ★ 知识巩固

**例 9** 判定下列函数在 $(-\infty,+\infty)$ 上的单调性.

(1) $y=1.5^x$; (2) $y=2^{-x}$; (3) $y=\left(\frac{4}{3}\right)^x$; (4) $y=3^{-\frac{x}{2}}$.

**解** (1) 由 $y=1.5^x$ 中 $1.5>1$,有 $y=1.5^x$ 在 $(-\infty,+\infty)$ 上是增函数;

(2) 由 $y=2^{-x}=(\frac{1}{2})^x$ 中 $0<\frac{1}{2}<1$,有 $y=2^{-x}$ 在 $(-\infty,+\infty)$ 上是减函数;

(3) 由 $y=\left(\frac{4}{3}\right)^x$ 中 $\frac{4}{3}>1$,有 $y=(\frac{4}{3})^x$ 在 $(-\infty,+\infty)$ 上是增函数;

(4) 由 $y=3^{-\frac{x}{2}}=\left(\frac{\sqrt{3}}{3}\right)^x$ 中 $0<\frac{\sqrt{3}}{3}<1$,有 $y=3^{-\frac{x}{2}}$ 在 $(-\infty,+\infty)$ 上是减函数.

**例 10** 已知指数函数 $f(x)=a^x$ 的图像过点 $(2,\frac{4}{9})$,求 $f(-2)$.

**解** 由函数 $f(x)=a^x$ 图像过点 $(2,\frac{4}{9})$,有

$$\frac{4}{9}=f(2)=a^2.$$

又

$$a>0 \text{ 且 } a\neq1,$$

所以

$$a=\frac{2}{3}.$$

故

$$f(x)=\left(\frac{2}{3}\right)^x.$$

所以

$$f(-2)=\left(\frac{2}{3}\right)^{-2}=\frac{9}{4}=2.25.$$

## 课堂练习 3.4.3

1. 比较下列各组数中两个值的大小.

(1) $2^{2.5}$ 与 $2^{3.5}$; (2) $0.5^{-1.5}$ 与 $0.5^{-2.5}$.

2. 求函数 $y=\sqrt{8-2^x}$ 的定义域.

3. 已知指数函数 $f(x)=a^x$ 图像过点 $(3,\frac{8}{27})$,求 $f(-1)$.

# 习题 3.4

1. 比较下列各组数中两个值的大小.

(1) $\left(\frac{2}{\pi}\right)^{-2}$与$\left(\frac{\pi}{2}\right)^{3}$；　　(2) $\left(\frac{1}{2}\right)^{0.5}$与$\left(\frac{2}{3}\right)^{0.5}$.

2. 在函数 $y=(-1.2)^x$，$y=\left(\frac{2}{3}\right)^x$，$y=x^{\frac{1}{3}}$，$y=2x^2+1$ 中哪些函数是指数函数？

3. 求下列函数定义域.

(1) $y=\frac{1}{27-3^x}$；　　(2) $y=\sqrt{4-2^x}$.

4. 若函数 $f(x)=a^x$ 的图过点$(-2,4)$，求 $f\left(-\frac{3}{2}\right)$.

5. 计算下列各式.

(1) $\left(\frac{3}{7}\right)^5\times\left(\frac{8}{21}\right)^0\div\left(\frac{9}{7}\right)^4$；　　(2) $16^{-1}\times 64^{\frac{3}{4}}\times 32^{\frac{1}{2}}$.

6. 解不等式 $2^{3-2x}<0.5^{3x^2-4}$.

7. 若 $y=(a^2-3a+3)\cdot a^x$ 是指数函数，求 $a$ 的值.

8. 已知 $3^x+3^{-x}=3$，求 $27^x+27^{-x}$的值.

# 3.5　对数与对数函数

## 3.5.1　对　数

### ★ 新知识点

**1. 对数的概念**

(1) 定义：如果 $a^b=N(a>0$ 且 $a\neq1)$，称“$b$ 是以 $a$ 为底 $N$ 的对数”，记为 $b=\log_b N$，其中 $a$ 称为对数的底数，$N$ 称为真数.

例如，$2^5=32$ 可以写成 $\log_2 32=5$，$2^{-2}=0.25$ 可以写成 $\log_2 0.25=-2$.

(2) 指数与对数关系，称形如 $a^b=N(a>0$ 且 $a\neq1)$的式子为指数式，称形如 $\log_a N=b(a>0$ 且 $a\neq1,N>0)$的式子称为对数式. 当 $a>0$ 且 $a\neq1$ 时，指数式与对数式的关系为

$$a^b=N\Leftrightarrow\log_a N=b$$

**2. 对数性质**

根据指数和对数互为逆运算的关系，可得对数运算性质.

(1) 0 和负数没有对数，即 $N>0$；

(2) 1 的对数为 0，即 $\log_a 1=0$；

(3) 底的对数为 1，即 $\log_a a=1$；

(4) 对数恒等式，$a^{\log_a N}=N$.

**3. 特殊对数**

(1) 以 10 为底的对数称为常用对数，$\log_{10}N$ 简记为 $\lg N$. 例如，$\log_{10}3$ 简记为 $\lg 3$.

(2) 以无理数 e=2.71828…为底的对数称为自然对数,$\log_e N$ 简记为 $\ln N$. 例如,$\log_e 2$ 简记为 $\ln 2$.

**4. 换底公式**

设 $a,b>0$ 且 $a,b\neq1$,$N>0$,则有 $\log_a N=\frac{\log_b N}{\log_b a}=\frac{\lg N}{\lg a}=\frac{\ln N}{\ln a}$.

例如,$\log_2 3=\frac{\lg 3}{\lg 2}=\frac{\ln 3}{\ln 2}$.

**5. 运算法则**

设 $a>0$ 且 $a\neq1$,$M>0$,$N>0$,则有

(1) $\log_a(M\cdot N)=\log_a M+\log_a N$;

(2) $\log_a \frac{M}{N}=\log_a M-\log_a N$;

(3) $\log_a M^n=n\log_a M(n\in\mathbf{R})$.

## ★ 知识巩固

**例 1** 将下列指数式表示成对数式.

(1) $3^4=81$; (2) $16^{\frac{1}{4}}=2$;

(3) $\left(\frac{1}{2}\right)^3=\frac{1}{8}$; (4) $3^{-3}=\frac{1}{27}$.

**解** (1) $\log_3 81=4$; (2) $\log_{16} 2=\frac{1}{4}$;

(3) $\log_{\frac{1}{2}} \frac{1}{8}=3$; (4) $\log_3 \frac{1}{27}=-3$.

**例 2** 将下列对数式表示成指数式.

(1) $\log_2 8=3$; (2) $\log_2 \frac{1}{16}=-4$;

(3) $\log_2 \frac{1}{9}=-2$; (4) $\log_\pi 1=0$.

**解** (1) $2^3=8$; (2) $2^{-4}=\frac{1}{16}$;

(3) $3^{-2}=\frac{1}{9}$; (4) $\pi^0=1$.

**例 3** 求下列各式的值.

(1) $\log_2 1$; (2) $\log_\pi \pi$;

(3) $\lg 100$; (4) $\log_{\sqrt{3}} 1$.

**解** (1) $\log_2 1=0$; (2) $\log_\pi \pi=1$;

(3) $\lg 100=\lg 10^2=2$; (4) $\log_{\sqrt{3}} 1=0$.

**例 4** (1) 用 $\lg 2$,$\lg 3$ 表示 $\lg 75$.

(2) 用 $\log_a x$,$\log_a y$,$\log_a z$ 表示 $\log_a \frac{x^2\sqrt{y}}{\sqrt[3]{z}}$.

**解** (1) $\lg 75=\lg(5^2\times3)=2\lg 5+\lg 3=2\lg\frac{10}{2}+\lg 3=2(1-\lg 2)+\lg 3=2-2\lg 2+\lg 3$.

(2) $\log_a \dfrac{x^2\sqrt{y}}{\sqrt[3]{z}}=\log_a x^2\sqrt{y}-\log_a\sqrt[3]{z}=\log_a x^2+\log_a y^{\frac{1}{2}}-\log_a z^{\frac{1}{3}}$

$$=2\log_a x+\frac{1}{2}\log_a y-\frac{1}{3}\log_a z.$$

**例 5**　计算下列各式的值.

(1) $\lg 0.0001$；　　(2) $\log_2(2^2\times 4^3)$；

(3) $\log_3\dfrac{27^3}{3^2}$；　　(4) $\log_4 9\cdot\log_{27}16$.

**解**　(1) $\lg 0.0001=\lg 10^{-4}=-4\lg 10=-4$；

(2) $\log_2(2^2\times 4^3)=\log_2 2^2+\log_2 4^3=2\log_2 2+3\log_2 4=2\times 1+3\times 2=8$；

(3) $\log_3\dfrac{27^3}{3^2}=\log_3 27^3-\log_3 3^2=3\log_3 27-2\log_3 3=3\times 3-2\times 1=7$；

(4) $\log_4 9\cdot\log_{27}16=\dfrac{\lg 9}{\lg 4}\cdot\dfrac{\lg 16}{\lg 27}=\dfrac{\lg 3^2}{\lg 2^2}\cdot\dfrac{\lg 2^4}{\lg 3^3}=\dfrac{2\lg 3}{2\lg 2}\cdot\dfrac{4\lg 2}{3\lg 3}=\dfrac{4}{3}$.

## 课堂练习 3.5.1

1. 将下列指数式表示成对数式.

(1) $2^2=4$；　　(2) $0.2^a=5$；　　(3) $\left(\dfrac{1}{3}\right)^0=1$.

2. 将下列对数式表示成指数式.

(1) $\log_2 1=0$；　　(2) $\lg 0.01=-2$；　　(3) $\ln 3=a$.

3. 计算下列各式的值

(1) $\log_2\dfrac{1}{64}$；　　(2) $\log_{(2-\sqrt{3})}(2+\sqrt{3})$；

(3) $\ln\dfrac{\sqrt[3]{e^2}}{e}$；　　(4) $\log_3(9^2\times 3^4)$.

4. 用 $\log_a x$，$\log_a y$，$\log_a z$ 表示 $\log_a\dfrac{x^2y^3}{\sqrt{z}}$.

## 3.5.2　对数函数

### ★ 新知识点

实例观察：设 1 个细胞经过 $y$ 次分裂后，得到的细胞数为 $x$，则 $x$ 与 $y$ 的函数关系式为指数式 $x=2^y$，写成对数式为 $y=\log_2 x$. 由此得到细胞分裂次数 $y$ 与细胞数 $x$ 的函数关系式 $y=\log_2 x$，其中真数 $x$ 为自变量，底数 2 是常数.

**1. 定　义**

一般地，形如 $y=\log_a x(a>0$ 且 $a\neq 1)$ 的函数称为对数函数. 其中底数 $a$ 为非 1 的正常数，对数函数定义域为 $(0,+\infty)$，值域为 **R**. 例如，$y=\lg x$，$y=\ln x$，$y=\log_2 x$，$y=\log_{\frac{1}{3}}x$ 等均是对数函数.

**2. 图像和性质**

(1) $0<a<1$ 时，以 $y=\log_{\frac{1}{3}}x$ 和 $y=\log_{\frac{1}{2}}x$ 为例作出图像列表(见表 3－6)，描点、连线得

到图像,如图 3－14 所示.

**表 3－6**

| $x$ | … | $\frac{1}{4}$ | $\frac{1}{2}$ | 1 | 2 | 4 | … |
|---|---|---|---|---|---|---|---|
| $y=\log_{\frac{1}{2}}x$ | … | 2 | 1 | 0 | −1 | −2 | … |
| $x$ | … | $\frac{1}{9}$ | $\frac{1}{3}$ | 1 | 3 | 9 | … |
| $y=\log_{\frac{1}{3}}x$ | … | 2 | 1 | 0 | −1 | −2 | … |

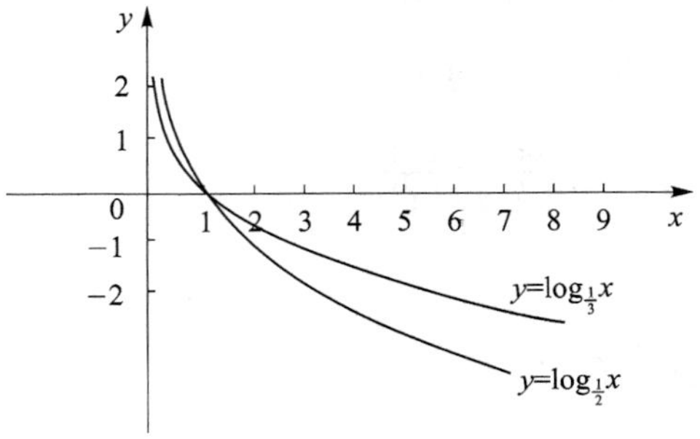


**图 3－14**

(2) $a>1$ 时,以 $y=\log_3 x$ 和 $y=\log_2 x$ 为例作出图像列表(见表 3－7),描点、连线得到图像如图 3－15 所示.

**表 3－7**

| $x$ | … | $\frac{1}{4}$ | $\frac{1}{2}$ | 1 | 2 | 4 | … |
|---|---|---|---|---|---|---|---|
| $y=\log_2 x$ | … | −2 | −1 | C | 1 | 2 | … |
| $x$ | … | $\frac{1}{9}$ | $\frac{1}{3}$ | 1 | 3 | 9 | … |
| $y=\log_3 x$ | … | −2 | −1 | 0 | 1 | 2 | … |

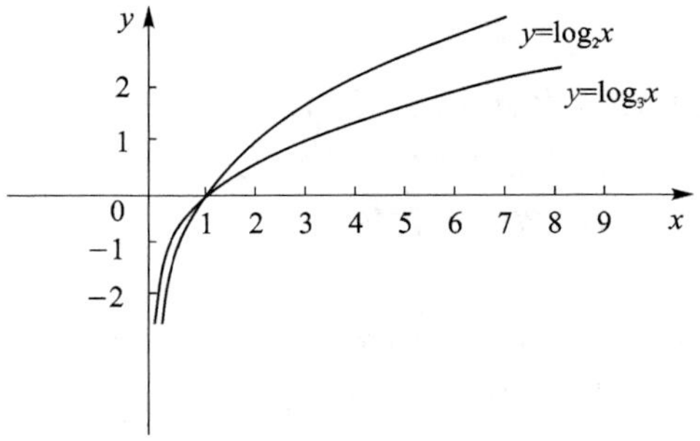


**图 3－15**

观察图像,发现图像特征:

(1) 函数 $y=\log_a x(a>0$ 且 $a\neq 1)$的图像均在 $y$ 轴的右侧,向右无限延展,向左无限趋近于 $y$ 轴.

(2) 函数 $y=\log_a x(a>0$ 且 $a\neq 1)$的图像均过点$(1,0)$.

(3) 函数 $y=\log_a x(0<a<1)$的图像下降,函数 $y=\log_a x(a>1)$的图像上升.

根据图像特征得函数性质:

(1) 函数 $y=\log_a x(a>0$ 且 $a\neq 1)$的定义域为$(0,+\infty)$,值域为 **R**.

(2) 当 $x=0$ 时,函数值 $y=1$.

(3) 当 $0<a<1$ 时,函数 $y=\log_a x$ 在$(0,+\infty)$上是减函数;

当 $a>1$ 时,函数 $y=\log_a x$ 在$(0,+\infty)$上是增函数.

**提醒:**函数 $y=\log_a x(a>0$ 且 $a\neq 1)$和函数 $y=a^x(a>0$ 且 $a\neq 1)$互为反函数,其图像关于第一、三象限角平分线 $y=x$ 对称.

## ★ 知识巩固

**例 6**　求下列函数的定义域.

(1) $y=\log_3(1-3x)$;　　(2) $y=\sqrt{2\lg x-1}$;　　(3) $y=\dfrac{1}{\log_2 x-1}$.

**解**　(1) 要使函数 $y=\log_3(1-3x)$有意义,需要

$$1-3x>0,\text{即 } x<\frac{1}{3}.$$

所以 $y=\log_3(1-3x)$的定义域为$\left(-\infty,\dfrac{1}{3}\right)$.

(2) 要使函数 $y=\sqrt{2\lg x-1}$有意义,需要

$$\begin{cases}2\lg x-1\geqslant 0\\ x>0\end{cases},\text{即 } x\geqslant\sqrt{10}.$$

所以 $y=\sqrt{2\lg x-1}$的定义域为$[\sqrt{10},+\infty)$.

(3) 要使 $y=\dfrac{1}{\log_2 x-1}$有意义,需要

$$\begin{cases}\log_2 x-1\neq 0\\ x>0\end{cases},\text{即 } x>0 \text{ 且 } x\neq 2.$$

所以 $y=\dfrac{1}{\log_2 x-1}$的定义域为$(0,2)\cup(2,+\infty)$.

**例 7**　比较下列各组数中两对数的大小.

(1) $\ln 2$ 与 $\ln 3$;　　(2) $\log_{0.5}3$ 与 $\log_{0.5}5$;　　(3) $\lg\dfrac{1}{2}$与 1.

**解**　(1) 由于函数 $y=\ln x$ 中底数 $e>1$,故其在$(0,+\infty)$上是增函数,又由 $2<3$,从而 $\ln 2<\ln 3$.

(2) 由于函数 $y=\log_{0.5}x$ 中底数 $0<0.5<1$,故其在$(0,+\infty)$上是减函数,又由 $3<5$,从而 $\log_{0.5}3>\log_{0.3}5$.

(3) 由于函数 $y=\lg x$ 中底数 $10>1$,故其在$(0,+\infty)$上是增函数,又由$\dfrac{1}{2}<10$,从而 $\lg\dfrac{1}{2}<\lg 10=1$,即 $\lg\dfrac{1}{2}<1$.

## 课堂练习 3.5.2

1. 若函数 $y=f(x)=\log_a x$ 图像过点(2,−1),求 $\log_a \frac{1}{8}$.

2. 求下列函数的定义域.

(1) $y=\log_3(1-2x)$;  (2) $y=\frac{1}{\log_3(x-1)}$;  (3) $y=\sqrt{\log_2(x-2)}$.

3. 比较下列各组数中两个值的大小.

(1) $\log_2 3$ 与 $\log_2 5$;  (2) $\log_{0.5} 2$ 与 $\log_{0.5} 3$;

(3) $\log_3 0.5$ 与 $\log_3 0.6$;  (4) $\log_{\sqrt{2}} 1.5$ 与 $\log_{\sqrt{2}} 1.6$.

## 习题 3.5

1. 将下列指数式表示成对数式.

(1) $0.7^2=0.49$;  (2) $10^x=25$;  (3) $e^x=2$.

2. 将下列对数式表示成指数式.

(1) $\log_4 3=x$;  (2) $\log_{\frac{1}{3}} 1=0$;  (3) $\lg x=5$.

3. 计算下列各式的值.

(1) $\lg 5+\lg 20$;  (2) $\ln\sqrt[3]{e}-\ln e^3$;  (3) $\lg\frac{30}{7}+\lg\frac{70}{3}+\lg 100$.

4. 用 $\lg x$,$\lg y$,$\lg z$ 表示下列各式.

(1) $\lg\frac{\sqrt{x}\cdot y^2}{z}$;  (2) $\lg\left(\frac{y}{\sqrt{x}}\right)^{-\frac{2}{3}}$.

5. 判定下列函数在(0,+∞)上的单调性.

(1) $y=\log_{0.3} x$;  (2) $y=\lg x$.

6. 求下列函数的定义域.

(1) $y=\lg(-x^2+x)$;  (2) $y=\frac{1}{1-\log_2 x}$;

(3) $y=\sqrt{2\lg x-1}$;  (4) $y=\frac{1}{\ln(x^2-2x)}$.

7. 已知函数 $y=f(x)=\ln(ax^2+2x+1)$,

(1) 若函数定义域为 **R**,求实数 $a$ 的取值范围;

(2) 若函数值域为 **R**,求实数 $a$ 的取值范围.

# 3.6 函数与方程

### ★ 新知识点

#### 1. 函数的零点定义

一般地,对于函数 $y=f(x)$,使 $f(x)=0$ 成立的实数 $x$ 称为函数 $y=f(x)$ 的零点. 例如,

函数 $y=x^2-2x-8$ 中，由于 $f(-2)=0$，$f(4)=0$，从而 $x_1=-2$，$x_2=4$ 均是函数 $y=x^2-2x-8$ 的零点.

**2. 函数的零点与方程的根的关系.**

函数 $y=f(x)$的零点就是方程 $f(x)=0$ 的实数根，也就是函数 $y=f(x)$的图像与 $x$ 轴交点的横坐标，即方程 $f(x)=0$ 的实数根⇔函数 $y=f(x)$的图像与 $x$ 轴交点的横坐标⇔函数 $y=f(x)$的零点.

**3. 函数的零点的存在定理.**

**定理** 如果函数 $y=f(x)$在区间$[a,b]$上的图像是一条连续不断的曲线且 $f(a)\cdot f(b)<0$，那么函数 $y=f(x)$ 在区间$(a,b)$内有零点. 即存在 $c\in(a,b)$使得 $f(c)=0$，$c$ 也就是方程 $f(x)=0$的根.

## ★ 知识巩固

**例** 证明函数 $f(x)=2x^2-5x+2$ 在区间$(1,3)$内有零点.

**证明** 二次函数 $y=f(x)=2x^2-5x+2$ 在区间$[1,3]$上是一条连续不断的曲线. 又

$$f(1)=2\times1^2-5\times1+2=-1,f(3)=2\times3^2-5\times3+2=5,$$

∴

$$f(1)\cdot f(3)=-1\times5=-5<0.$$

由零点存在定理有：函数 $f(x)=2x^2-5x+2$ 在区间$(1,3)$内有零点.

## 课堂练习 3.6

1. 画出函数 $y=f(x)=x^2-3x+2$ 的图像，并求出函数的零点.
2. 证明函数 $f(x)=2x^2-x-6$ 在$(-2,0)$内有零点.

# 习题 3.6

1. 若函数 $y=x^2-mx+1$ 只有一个零点，求实数 $m$ 的取值范围.
2. 证明函数 $f(x)=-x^3-2x+1$ 在区间$(0,1)$有零点.

# 本章小结

**1. 知识结构**

本章利用集合知识重新定义了函数，研究了函数的表示方法、基本性质，从根本上揭示了函数的本质；在已有整数指数幂的基础上推广了指数的概念，学习了幂函数、指数函数、对数函数等三大基本初等函数的概念，研究了它们的图像和性质.

**2. 方法总结**

(1) 定义域、值域和对应法则是函数的三要素. 最重要的是对应法则，而函数符号 $y=f(x)$中，$f$ 是对应法则，它不表示“$y$ 等于 $f$ 与 $x$ 的乘积”，$f(x)$也不一定是解析式.

(2) 函数的单调性反映函数值的变化趋势是相对于函数定义域部分的一个局部性质，有些函数在定义域上是增(减)函数，有些函数在定义域的一区间上是增(减)函数.

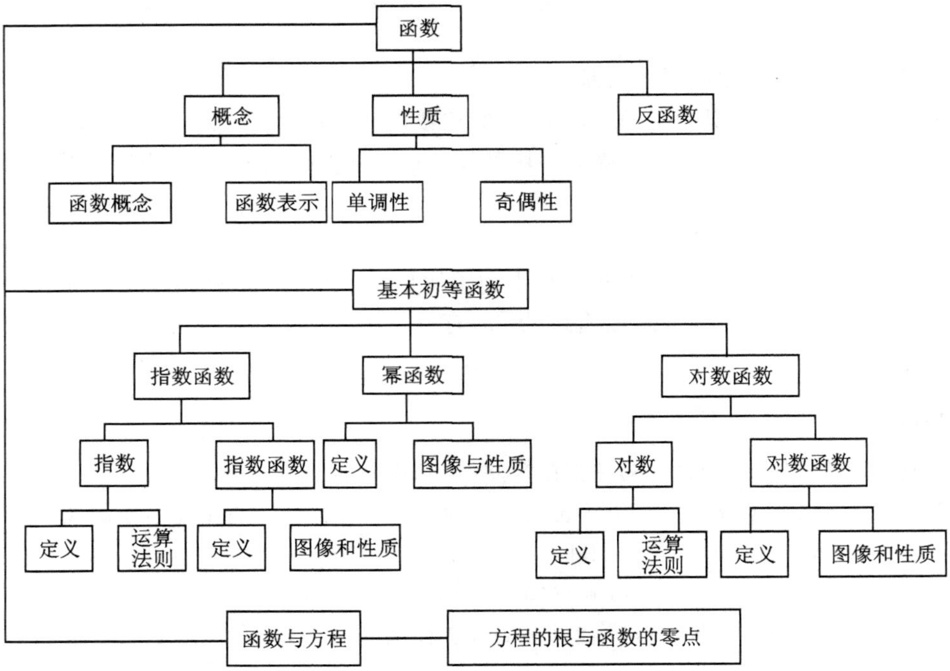


(3) 任意函数 $y=f(x)$不一定有反函数,但若 $y=f(x)$有反函数 $y=f^{-1}(x)$,则 $y=f(x)$与 $y=f^{-1}(x)$互为反函数.

(4) 指数函数 $y=a^x$ 和对数函数 $y=\log_a x$ 中均需 $a>0$ 且 $a\neq1$,同时它们互为反函数,其定义域和值域在两函数中正好互换,对应关系互逆.

## 复习题 3

1. 选择题

(1) 函数 $f(x)=\dfrac{x+1}{\sqrt{1-x^2}}$的定义域为(　　).

A. $(-1,1)$　　B. $(-1,1]$　　C. $[-1,1)$　　D. $[-1,1]$

(2) 若函数 $y=f(x)$的图像关于原点对称,且 $f(3)=10$,则 $f(-3)=$(　　).

A. 3　　B. $-3$　　C. 10　　D. $-10$

(3) 下列函数中,其图像关于 $y$ 轴对称的是(　　).

A. $y=\sqrt{x}$　　B. $y=-\dfrac{2}{|x|}$　　C. $y=\dfrac{1}{x}$　　D. $y=|x-1|$

(4) 若函数 $y=f(x)$在定义域上是减函数,$a,b$ 是定义域上两数且 $f(a)>f(b)$,则有(　　).

A. $a<b$　　B. $a>b$　　C. $a=b$　　D. 不确定

(5) $\log_3 2\cdot\log_2 9=$(　　).

A. 1　　B. 2　　C. 3　　D. 4

(6) 若 $m=\lg5-\lg3$,则 $10^m=$(　　).

A. $\frac{5}{3}$　　B. $\frac{3}{5}$　　C. 1　　D. 0

(7) 函数 $y=\log_3(-x^2+2x+3)$ 的定义域为(　　).

A. $(-\infty,-1)\cup(3,+\infty)$　　B. $(-\infty,-3)\cup(1,+\infty)$

C. $(-1,3)$　　D. $(-3,1)$

(8) 下列函数中,在 $(-\infty,+\infty)$ 上是增函数的是(　　).

A. $y=0.5^x$　　B. $y=e^x$　　C. $y=\left(\frac{1}{3}\right)^x$　　D. $y=\left(\frac{\pi}{4}\right)^x$

2. 填空题

(1) 若函数 $f(x)=\begin{cases}x+3 & x\leqslant 0\\ x^2+3 & x>0\end{cases}$,则 $f(-2)=$________;$f(2)=$________.

(2) 函数 $y=x^2-3$ 的增区间为________.

(3) $\left(\frac{1}{2}\right)^{-2}+125^{\frac{2}{3}}-\left(\frac{1}{27}\right)^{-\frac{2}{3}}=$________.

(4) $2\lg 5+\lg 4=$________.

(5) 函数 $y=\sqrt{\log_3 x-1}$ 的定义域为________.

3. 讨论 $f(x)=x+\frac{1}{x}$ 在 $(1,+\infty)$ 上的单调性.

4. 判定下列函数的奇偶性:(1) $f(x)=3x+\sqrt[3]{x}$;(2) $f(x)=(x+1)(x-1)$.

5. 求函数 $y=\sqrt{1-x^2}$,$x\in[0,1]$ 的反函数.

6. 设函数 $f(x)=\begin{cases}-2x^2+1 & -2\leqslant x\leqslant 1\\ 2x-3 & x>1\end{cases}$,(1) 求函数的定义域;(2) 求值:$f(-2)$,$f(0)$,$f(2)$;(3) 作出函数的图像.

7. 设函数 $f(x)=\frac{2x+3}{x-1}$,已知函数 $y=g(x)$ 的图像与 $y=f^{-1}(x+1)$ 图像关于直线 $y=x$ 对称,求(1) $f^{-1}(x)$;(2) $y=g(x)$;(3) $g(3)$ 的值.

# 趣味阅读

## 函数小史

函数的概念是数学中最重要的基本概念,也是社会实践中被广泛应用的一个数学概念,函数的概念同其他数学概念一样,也有其萌芽,产生,发展的历史过程.

16世纪,人们开始对各种变化过程和各种变化着的量的依赖关系进行研究.特别是进入17世纪后,笛卡儿在1637年出版的《几何学》中,第一次涉及到变量,同时也引入了函数的思想.不过,一般公认最早给出函数定义的是德国数学家莱布尼兹(1646—1716),他在1673年的一篇手稿中,把任何一个随曲线上点变动而变动的几何量都称为函数.

函数概念被提出后,在其发展过程中,大致经过五个阶段的扩张,才日臻完善.

(1) 函数概念的第一次扩张是解析扩张.最早进行这一函数扩张的是瑞士数学家贝努利(1667—1748),他在1698年给出的函数新定义是:由变量 $x$ 和常量用任何方式构成的量都可

以称为 $x$ 的函数.1748 年,贝努利的学生——18 世纪杰出的数学家欧拉(1707—1783),把函数概念又推进了一步,把函数定义为:由一个变量 $x$ 和一些常量通过任何方式组成的一个解析表达式称为 $x$ 的函数,另外欧拉还引入函数符号 $f(x)$.

(2) 函数概念的第二次扩张是几何扩张,18 世纪中期的一些数学家发展了莱布尼兹将函数看成几何量的观点,而把曲线称为函数.

(3) 函数概念的第三次扩张反映了函数中的辩证因素,体现了从"自变"到"因变"的生动过程,形成了科学函数定义的雏形.1775 年欧拉在《微分学》一书中,给出了函数的另一定义:如果某些变量,以这样一种方式依赖于另外一些变量,即当后者变化时,前者也随之变化,称前者的变量为后者的变量的函数.值得说明的是这里的"依赖""随之变化"等含义仍不十分明确,限制了函数概念的外延,从而它只能算为科学函数定义的雏形.

19 世纪最杰出的法国数学家柯西(1789—1857)在 1827 年写的《解析教程》中,给出了如下的函数定义:在某些变量间存在一定的关系,当一经给定其中某一变量的值,其他变量的值也随之确定,则将最初的变量称为自变量,其他各个变量称为函数.这个定义把函数概念与曲线、解析式等纠缠不清的关系进行了澄清,并且没有使用数学意义欠严格的"变化"一词,这也说明了函数是用一个式子或多个式子表示的,甚至是否通过式子表示均无关紧要.

(4) 函数概念的第四次扩张可称为科学函数定义进入精确化的阶级.1837 年德国数学家狄得克利(1805—1859)给出了函数定义:若对于 $x(a\leqslant x\leqslant b)$ 的每一个值,$y$ 总有完全确定的值与之对应,不管建立起这种对应法则的方式如何,均称 $y$ 是 $x$ 的函数.这一定义彻底抛弃了前述的一些定义中解析式的束缚,特别突出了函数概念的本质,即对应思想,使之具有更加丰富的内涵,因而此定义才真正可称为是函数的科学定义.

(5) 函数概念的第五次扩张是建立在重新定义的变量、变域和常量的基础上的,20 世纪中期美国数学家维布伦(1880—1960)给出了函数定义:设集合 $A,B$,如果 $A$ 中每一个元素 $x$ 都有 $B$ 中唯一确定的元素 $y$ 与之对应,那么则称此对应为从集合 $A$ 到集合 $B$ 的函数,$x$ 是自变量,$y$ 是因变量,$A$ 是定义域,记为 $y=f(x),x\in A$.

最后说明一点,我国最早使用"函数"一词是清代数学家李善兰(1811—1882),1859 年李善兰在翻译英国数学家穆莫甘著作《代数学》时将 Function 译为"函数".原文为"凡式中含天,为天之函数".

# 第4章　数　列

数列是定义在正整数集 $\mathbf{N}^*$ 上的特殊函数——整标函数，是中职数学的重要内容，对今后的数学学习意义重大. 本章将重点研究等差数列和等比数列.

## 4.1　数　列

### ★ 新知识点

**1. 数列的概念**

实例观察：(1) $1,2,2^2,2^3,\cdots,2^{63}$. (2) $1,0.9,0.9^2,0.9^3,\cdots$

实例观察(1)和(2)均是按一定顺序排列的一列数.

(1) 定义：按一定顺序排列的一列数称为数列，其中每一个数称为这个数列的项，各项依次称为这个数列的第 1 项，第 2 项，…，第 $n$ 项….

数列一般形式写为 $a_1,a_2,a_3,a_4,\cdots,a_n,\cdots$其中 $a_n$ 是数列的第 $n$ 项，数列记为$\{a_n\}$.

(2) 通项公式：数列$\{a_n\}$的第 $n$ 项 $a_n$ 与项数 $n$ 之间的函数关系式称为数列$\{a_n\}$的通项公式，$a_n=f(n)$，$n\in\mathbf{N}^*$.

实例观察(1)中，项数 $n$：　1，　2，　3，　4，　…，　64，由此得

　　　　　　　　　　↓　↓　↓　↓　　　↓

　　　　　　项数 $a_n$：　1，　2，　$2^2$，　$2^3$，　…，　$2^{63}$.

通项公式 $a_n=2^{n-1}$，$n\in\{1,2,3,4,\cdots,64\}$.

(3) 分类：项数有限的数列称为有穷数列，项数无限的数列称为无穷数列. 例如，实例观察(1)是有穷数列，实例观察(2)是无穷数列.

**2. 数列的前 $n$ 项和**

数列$\{a_n\}$的前 $n$ 项和为 $S_n=a_1+a_2+a_3+a_4+\cdots+a_n$，$n\in\mathbf{N}^*$.

**3. 数列通项和数列前 $n$ 项和的关系**

数列的通项 $a_n$ 和数列前 $n$ 项和 $S_n$ 的关系为

$$a_n=\begin{cases} S_1 & n=1 \\ S_n-S_{n-1} & n\geqslant 2 \end{cases}$$

**提醒：**数列$\{a_n\}$中任一项 $a_n$ 与其前一项 $a_{n-1}$(或前 $n$ 项)间的函数关系式称为数列的递推公式，递推公式也是给定一个数列的重要方法.

### ★ 知识巩固

**例 1**　根据下列数列$\{a_n\}$的通项公式，写出它的前 4 项.

(1) $a_n=\dfrac{n}{n+1}$；　　　　(2) $a_n=(-1)^n\cdot 2^n$.

**解** (1) 在通项公式中依次取 $n=1,2,3,4$,得到数列前 4 项为 $\frac{1}{2},\frac{2}{3},\frac{3}{4},\frac{4}{5}$.

(2) 在通项公式中依次取 $n=1,2,3,4$,得到数列前 4 项为 $-2,4,-8,16$.

**例 2** 给定数列前 4 项,写出数列的通项公式.

(1) $2,4,6,8$;　　(2) $\frac{2^2+1}{2},\frac{3^2+1}{3},\frac{4^2+1}{4},\frac{5^2+1}{5}$.

**解** (1) 这个数列前 4 项 $2,4,6,8$ 都是项数的 2 倍,所以通项公式为 $a_n=2n,n\in\mathbf{N}^*$.

(2) 这个数列前 4 项 $\frac{2^2+1}{2},\frac{3^2+1}{3},\frac{4^2+1}{4},\frac{5^2+1}{5}$ 的分母都是项数加上 1,分子都是分母的平方加上 1,所以通项公式为 $a_n=\frac{(n+1)^2+1}{n+1},n\in\mathbf{N}^*$.

**例 3** 求数列 $\frac{1}{1\times2},\frac{1}{2\times3},\frac{1}{3\times4},\frac{1}{4\times5},\cdots,\frac{1}{n(n+1)}\cdots$ 前 $n$ 项和.

**解** 数列前 $n$ 项和为

$$
\begin{aligned}
S_n&=\frac{1}{1\times2}+\frac{1}{2\times3}+\frac{1}{3\times4}+\frac{1}{4\times5}+\cdots+\frac{1}{n(n+1)}\\
&=\left(1-\frac{1}{2}\right)+\left(\frac{1}{2}-\frac{1}{3}\right)+\left(\frac{1}{3}-\frac{1}{4}\right)+\left(\frac{1}{4}-\frac{1}{5}\right)+\cdots+\left(\frac{1}{n}-\frac{1}{n+1}\right)\\
&=1-\frac{1}{n+1}=\frac{n}{n+1}.
\end{aligned}
$$

### 课堂练习 4.1

1. 给定数列的前 4 项,写出数列的通项公式.

(1) $3,6,9,12$;　　(2) $1,3,9,27$;

(3) $1,3,7,15$;　　(4) $\frac{1}{2},\frac{4}{5},\frac{9}{10},\frac{16}{17}$.

2. 已知数列 $1\times2,2\times3,3\times4,4\times5,\cdots$(1) 求数列的通项公式;(2)求数列的第 5 项,第 10 项,第 20 项.

## 习题 4.1

1. 写出下列数列 $\{a_n\}$ 的前 4 项.

(1) $a_1=1,a_n=a_{n-1}+2(n\geqslant2)$;　　(2) $a_1=1,a_n=a_{n-1}+\frac{1}{a_{n-1}}(n\geqslant2)$.

2. 给定数列的前 4 项,写出数列的通项公式.

(1) $0,-2,4,-6$;　　(2) $1,\frac{1}{3},\frac{1}{9},\frac{1}{27}$;

(3) $\frac{1}{1\times2},\frac{1}{2\times2},\frac{1}{3\times2},\frac{1}{4\times2}$;　　(4) $9,99,999,9999$.

3. 数列 $\{a_n\}$,若 $a_n=\frac{n^2+n-1}{3},n\in\mathbf{N}^*$,(1) 求 $a_{10}$;(2) $79\frac{2}{3}$ 是否是数列中的项?若是,是第几项?

4. 已知数列$\{a_n\}$中，$a_1=a_2=1$ 且 $a_n=a_{n-1}+a_{n-2}$，$n\geqslant 3$ 且 $n\in\mathbf{N}^*$. 设 $b_n=\dfrac{a_n}{a_{n+1}}$，(1) 求证 $b_n=\dfrac{1}{1+b_n}$，$n\in\mathbf{N}^*$；(2) 求数列$\{b_n\}$的前 5 项.

# 4.2 等差数列

## 4.2.1 等差数列

### ★ 新知识点

实例观察：数列(1)21，$21\dfrac{1}{2}$，22，$22\dfrac{1}{2}$，23，…

数列(2)38，40，42，44，46，…

数列(1)从第 2 项起，每一项与前一项的差等于同一常数$\dfrac{1}{2}$；数列(2)从第 2 项起，每一项与前一项的差等于同一常数 2.

**1. 定　义**

如果一个数列从第 2 项起，每一项与它前一项的差等于同一常数，称这个数列为等差数列，这个常数称为等差数列的公差，公差通常用字母 $d$ 表示. 例如，实例观察中两数列均为等差数列，其中数列(1)公差 $d=\dfrac{1}{2}$，数列(2)公差 $d=2$.

**2. 通项公式**

若等差数列$\{a_n\}$的首项为 $a_1$，公差为 $d$，根据定义可得等差数列中

$$a_2-a_1=a_3-a_2=a_4-a_3=a_5-a_4=\cdots=a_n-a_{n-1}=\cdots=d.$$

于是

$$\begin{aligned}&a_2=a_1+d,\\&a_3=a_2+d=a_1+2d,\\&a_4=a_3+d=a_1+3d,\\&a_5=a_4+d=a_1+4d,\\&\quad\vdots\end{aligned}$$

故通项公式为

$$a_n=a_1+(n-1)d=d_n+(a_1-d),n\in\mathbf{N}^*.$$

**3. 等差中项**

若 $a,A,b$ 成等差数列，称 $A$ 是 $a,b$ 的等差中项，其中 $A=\dfrac{a+b}{2}$.

由 $a,A,b$ 是等差数列，有 $A-a=b-A$，即 $A=\dfrac{a+b}{2}$. 反之由 $A=\dfrac{a+b}{2}$，有 $2A=a+b$，即 $A-a=b-A$，则 $a,A,b$ 是等差数列.

从而，$A=\dfrac{a+b}{2}$是 $a,A,b$ 成等差数列的充要条件.

**4. 性　质**

(1) 在等差数列$\{a_n\}$中 $n,k\in\mathbf{N}^*$ 且 $n-k\geqslant 1$，则 $a_n$ 是 $a_{n-k},a_{n+k}$的等差中项，即 $2a_n=a_{n-k}$

$+a_{n+k}$.

(2) 在等差数列$\{a_n\}$中任意两项 $a_n$ 和 $a_m$,则 $a_n=a_m+(n-m)d$,其中 $d$ 为公差.

(3) 在等差数列$\{a_n\}$中任意四项 $a_n,a_m,a_p,a_q$,若 $m+n=p+q$,则 $a_m+a_n=a_p+a_q$.

**提醒**:等差数列$\{a_n\}$的通项公式可写成 $a_n=dn+(a_1-d)$,当公差 $d\neq 0$ 时,它是关于 $n$ 的一次函数,其中定义域为 $\mathbf{N}^*$.

## ★ 知识巩固

**例 1** (1) 求等差数列 10,7,4,1,…的第 20 项.

(2) $-401$ 是不是等差数列$-1,-5,-9,\cdots$的项?如果是,是第几项?

**解** (1) 由已知得 $a_1=10,d=7-10=-3,n=20$.

据通项公式 $a_n=a_1+(n-1)d$

得 $a_{20}=10+(20-1)\times(-3)=-47$.

(2) 由已知得 $a_1=-1,d=(-5)-(-1)=-4$.

据通项公式 $a_n=a_1+(n-1)d=-1+(n-1)(-4)$,

由 $-401=-1-4(n-1)$,

得 $n=101$.

即$-401$是等差数列的第 101 项.

**例 2** 在等差数列$\{a_n\}$中,已知 $a_5=10,a_{12}=31$,求首项 $a_1$ 与公差 $d$.

**解** 由等差数列通项公式 $a_n=(n-1)d$ 得

$$a_5=a_1+4d=10,$$
$$a_{12}=a_1+11d=31.$$

解得 $a_1=-2,d=3$.

即这个数列的首项为$-2$,公差为 3.

**例 3** 已知 4 个数成等差数列,它们的和为 26,中间两项的积为 40,求这 4 个数.

**解** 设等差数列的首项为 $a_1$,公差为 $d$.由题设得

$$\begin{cases}a_1+(a_1+d)+(a_1+2d)+(a_1+3d)=26,\\(a_1+d)(a_1+2d)=40.\end{cases}$$

即
$$\begin{cases}2a_1+3d=13,\\a_1^2+3a_1d+2d^2=0.\end{cases}$$

解得
$$\begin{cases}a_1=2,\\d=3.\end{cases}\quad 或\quad \begin{cases}a_1=11,\\d=-3.\end{cases}$$

所以这 4 个数为 2,5,8,11 或 11,8,5,2.

## 课堂练习 4.2.1

1. (1) 求等差数列 10,8,6,4,…的第 10 项.

(2) 100 是不是$-5,2,9,16,\cdots$的项?若是,是第几项?

2. 等差数列$\{a_n\}$中,

(1) 已知 $a_{10}=5,a_{13}=20$,求 $a_1$ 与 $d$;

(2) 已知 $a_2+a_3+a_{23}+a_{24}=48$,求 $a_{13}$;

(3) 已知 $a_2+a_3+a_4+a_5=34$，$a_2a_5=52$，求 $a_2$ 与 $a_5$.

3. 求下列两个数的等差中项.

(1) 20 与 100；　　　　(2) $-2$ 与 10.

## 4.2.2　等差数列前 $n$ 项和

### ★ 新知识点

实例引入：著名数学家高斯 10 岁时曾很快计算出 $1+2+3+4+\cdots+100=5050$. 高斯通过观察发现，$1+100=2+99=3+98=\cdots=50+51=101$，从而得和 $100\times\frac{100}{2}=5050$.

**1. 等差数列前 $n$ 项和**

设等差数列 $\{a_n\}$ 首项为 $a_1$，公差为 $d$，前 $n$ 项和 $S_n$，即

$$S_n=a_1+a_2+a_3+\cdots+a_n.$$

根据等差数列通项公式，上式可写为

$$S_n=a_1+(a_1+d)+(a_1+2d)+\cdots+[a_1+(n-1)d].\quad①$$

把项的次序反过来，$S_n$ 又可写为

$$S_n=a_n+(a_n-d)+(a_n-2d)+\cdots+[a_n-(n-1)d].\quad②$$

把①和②相加，得

$$\begin{aligned}2S_n&=\overbrace{(a_1+a_n)+(a_1+a_n)+(a_1+a_n)+\cdots+(a_1+a_n)}^{n\text{个}}\\&=n(a_1+a_n).\end{aligned}$$

由此得到等差数列 $\{a_n\}$ 的前 $n$ 项和公式

$$S_n=\frac{n(a_1+a_n)}{2},n\in\mathbf{N}^*.$$

由于

$$a_n=a_1(a-1)d,$$

所以等差数列前 $n$ 项和的公式又可写为

$$S_n=na_1+\frac{1}{2}n(n-1)d=\frac{d}{2}n^2+\left(a_1-\frac{d}{2}\right)n,n\in\mathbf{N}^*.$$

**2. 性　质**

**定理**　若等差数列 $\{a_n\}$ 的前 $n$ 项和 $S_n$，$k\in\mathbf{N}^*$，则有数列 $S_{2n}-S_n$，$S_{3n}-S_{2n}$，$S_{4n}-S_{3n}$，…，$S_{kn}-S_{(k-1)n}$…成等差数列.

**提醒：**由于等差数列前 $n$ 项和公式可写成 $S_n=\frac{d}{2}n^2+\left(a_1-\frac{d}{2}\right)n$，当 $d\neq0$ 时，它是关于 $n$ 的二次函数，其中定义域为 $\mathbf{N}^*$.

### ★ 知识巩固

**例 1**　等差数列 $\{a_n\}$ 中，(1) 若 $a_1=5$，$a_2=95$，$n=10$，求 $S_n$；

(2) 若 $a_1=100$，$d=-2$，$n=50$，求 $S_n$.

**解**　(1) 在等差数列 $\{a_n\}$ 中由前 $n$ 项和公式，有 $S_n=\frac{n(a_1+a_n)}{2}=\frac{10(5+95)}{2}=500$；

(2) 在等差数列 $\{a_n\}$ 中由前 $n$ 项和公式，有

$$S_n = na_1 + \frac{1}{2}n(n-1)d = 50\times 100 + \frac{1}{2}\times 50\times(50-1)\times(-2) = 2\ 550.$$

**例 2** 等差数列$-10,-6,-2,2,\cdots$中前多少项和为 54?

**解** 设题中等差数列$\{a_n\}$的前 $n$ 项和为 $S_n$,则

$$a_1 = -10,\quad d = -6-(-10) = 4,\quad S_n = 54.$$

根据等差数列前 $n$ 项和公式,有

$$S_n = na_1 + \frac{1}{2}n(n-1)d = -10n + \frac{n(n-1)}{2}\times 4 = 54,$$

即 $$n^2-6n-27=0.$$

解得 $$n_1=9,n_2=-3(-3\notin \mathbf{N}^*,\text{舍去}).$$

所以等差数列$-10,-6,-2,2,\cdots$的前 9 项和为 54.

**例 3** 已知等差数列$\{a_n\}$的前 10 项和为 310,前 20 项和为 1220,求(1) $a_1$ 和 $d$;(2) 写出等差数列$\{a_n\}$的通项公式和前 $n$ 项和公式.

**解** (1) 设等差数列$\{a_n\}$的首项为 $a$,公差为 $d$,由前 $n$ 项和公式,有

$$\begin{cases} S_{10} = 10a_1 + \dfrac{10\times(10-1)}{2}d = 310, \\ S_{20} = 20a_1 + \dfrac{20\times(20-1)}{2}d = 1\ 220. \end{cases}$$

即 $$\begin{cases} 2a_1+9d=62, \\ 2a_1+19d=122. \end{cases}$$

解得 $$a_1=4,d=6.$$

(2) 将 $a_1$ 和 $d$ 分别代入通项公式 $a_n=a_1+(n-1)d$ 和前 $n$ 项和公式 $S_n=na_1+\dfrac{n(n-1)}{2}\mathrm{d}$,得

通项公式为 $$a_n=4+(n-1)\times 6=6n-2,n\in \mathbf{N}^*.$$

前 $n$ 项和的公式为 $$S_n=4n+\frac{n(n-1)}{2}\times 6=3n^2+n,n\in \mathbf{N}^*.$$

### 课堂练习 4.2.2

1. 等差数列$\{a_n\}$中,(1) $a_1=14.5,d=0.7,a_n=32$,求 $S_n$.

(2) 若 $a_1=5,d=-1,S_n=-30$,求 $n$.

2. 若等差数列$\{a_n\}$中的前 4 项和为 21,最后 4 项和为 67,所有项的和为 286,求 $n$.

3. 若等差数列$\{a_n\}$中的前 10 项和为 100,前 100 项和为 10,求前 110 项的和.

## 习题 4.2

1. 等差数列$\{a_n\}$中,(1) 若 $a_3=2,S_{10}=95,a_n=11$,求 $n$.

(2) 若 $a_9=3$,求 $S_{17}$.

(3) 若 $a_1=20,a_n=54,S_n=999$,求 $n$.

(4) 若 $d=2,n=15,a_n=-10$,求 $S_n$.

2. 在 85 和 30 中间插入 10 个数,使它们与这两个数成等差数列,求这 10 个数.

3. 等差数列$\{a_n\}$中,(1) 若 $a_n=3n-2$,求 $S_n$.

(2) 若 $S_n=5n^2+3n$,求 $a_n$.

4. 等差数列$\{a_n\}$中,(1) 若 $a_2+a_7+a_{12}=24$,求 $S_{13}$;

(2) 若 $a_1+a_2+a_3+a_4=25$,$a_{n-3}+a_{n-2}+a_{n-1}+a_n=63$,$S_n=286$,求 $n$.

# 4.3　等比数列

## 4.3.1　等比数列

### ★ 新知识点

实例观察:数列(1):1,2,4,8,…,$2^{63}$.

数列(2):1,1.1,$1.1^2$,$1.1^3$,…

数列(1)从第二项开始每一项与前一项的比为同一常数 2;数列(2)从第二项开始每一项与前一项的比为同一常数 1.1.

**1. 定　义**

如果一个数列从第 2 项起,每一项与它的前一项的比等于同一常数,那么这个数列称为等比数列,这个常数称为等比数列的公比,公比通常用字母 $q$ 表示($q\neq0$).例如,实例观察中两数列均为等比数列,其中数列(1)公比 $q=2$,数列(2)公比 $q=1.1$.

**2. 通项公式**

若等比数列$\{a_n\}$的首项 $a_1$,公比 $q(q\neq0)$,根据定义可得等比数列中

$$\frac{a_2}{a_1}=\frac{a_3}{a_2}=\frac{a_4}{a_3}=\frac{a_5}{a_4}=\cdots=\frac{a_n}{a_{n-1}}=\cdots=q,$$

于是

$$a_2=a_1q,$$
$$a_3=a_2q=a_1q^2,$$
$$a_4=a_3q=a_1q^3,$$
$$a_5=a_4q=a_1q^4,$$
$$\vdots$$

故通项公式为

$$a_n=a_1q^{n-1}(a_1\neq0\text{ 且 }q\neq0),n\in\mathbf{N}^*.$$

**3. 等比中项**

若 $a,G,b$ 成等比数列,称 $G$ 是 $a,b$ 的等比中项.其中 $G=\pm\sqrt{ab}$.

由 $a,G,b$ 是等比数列,有$\dfrac{b}{G}=\dfrac{G}{a}$,即 $G^2=ab$.反之由 $G^2=ab$,即$\dfrac{b}{G}=\dfrac{G}{a}$,则 $a,G,b$ 成等比数列.

从而,$G^2=ab$ 是 $a,G,b$ 成等比数列的充要条件.

例如,4 与$-4$ 都是 2,8 的等比中项.

**4. 性　质**

(1) 在等比数列$\{a_n\}$中,$n,k\in\mathbf{N}^*$ 且 $n-k\geqslant1$,则 $a_n$ 是 $a_{n-k}$,$a_{n+k}$ 的等比中项,即 $a_n^2=a_{n-k}\cdot a_{n+k}$.

(2) 在等比数列$\{a_n\}$中任意两项 $a_n$ 和 $a_m$,则有 $a_n=a_m\cdot q^{n-m}$,其中 $q$ 为公比.

(3) 在等比数列$\{a_n\}$中任意四项 $a_n,a_m,a_p,a_q$,若 $m+n=p+q$,则 $a_m\cdot a_n=a_p\cdot a_q$.

**提醒:**等比数列$\{a_n\}$的通项公式 $a_n=\frac{a_1}{q}\times q^n$,当 $q>0$ 且 $q\neq 1$ 时,它是关于 $n$ 的指数函数的拓展函数,其中定义域为 $\mathbf{N}^*$.

## ★ 知识巩固

**例 1** 等比数列$\{a_n\}$中,(1) 若 $a_3=12,a_4=8$,求 $a_1$;

(2) 若 $a_1=5,q=-3$,求 $a_4$.

**解** (1) 等比数列$\{a_n\}$中,根据通项公式,有

$$a_3=a_1q^2=12,a_4=a_1q^3=8.$$

于是

$$q=\frac{a_4}{a_3}=\frac{8}{12}=\frac{2}{3}.$$

又由

$$12=a_3=a_1q^2=\frac{4}{9}a_1,$$

有

$$a_1=27.$$

(2) 等比数列$\{a_n\}$中,根据通项公式,有

$$a_4=a_1q^3=5\times(-3)^3=-105.$$

**例 2** 等比数列$\{a_n\}$中,若 $a_1+a_2+a_3=7,a_1\cdot a_2\cdot a_3=8$,求 $a_n$.

**解** 根据等比数列$\{a_n\}$通项公式 $a_n=a_1q^{n-1}$,有

$$\begin{cases}a_1+a_2+a_3=a_1+a_1q+a_1q^2=7,\\a_1\cdot a_2\cdot a_3=a_1^3q^3=8.\end{cases}$$

即

$$\begin{cases}a_1(1+q+q^2)=7, & ①\\a_1q=2. & ②\end{cases}$$

①÷②得

$$\frac{1+q+q^2}{q}=\frac{7}{2},\text{即 }2q^2-5q+2=0.$$

解得

$$q=2\text{ 或 }q=\frac{1}{2}.$$

当 $q=2$ 时,$a_1=1$,得 $a_n=a_1q^{n-1}=2^{n-1},n\in\mathbf{N}^*$.

当 $q=\frac{1}{2}$ 时,$a_1=4$,得 $a_n=a_1q^{n-1}=2^{3-n},n\in\mathbf{N}^*$.

**例 3** 等比数列$\{a_n\}$中,若 $a_n<0$ 且 $a_2\cdot a_4+2a_3a_5+a_4\cdot a_6=25$,求 $a_3+a_5$.

**解** 由等比数列$\{a_n\}$的性质有 $a_2\cdot a_4=a_3^2$. $a_4\cdot a_6=a_5^2$. 又因

$$a^2\cdot a^4+a^3\cdot a^5+a^4\cdot a^6=25,$$

有

$$a_3^2+2a_3a_5+a_5^2=25,\text{即}(a^3+a^5)^2=25.$$

又 $a_n<0$,则

$$a_3+a_5<0,$$

故

$$a_3+a_6=-5.$$

## 课堂练习 4.3.1

1. 已知等比数列$\{a_n\}$中的通项公式,求首项 $a_1$ 和公比 $q$.

(1) $a_n=2^n$;　　　　　　(2) $a_n=\frac{1}{4}\times10^n$.

2. (1) 求 45 与 80 的等比中项.

(2) 若 $b$ 是 $a$ 与 $c$ 的等比中项且 $abc=27$,求 $b$.

3. 等比数列$\{a_n\}$中,若 $a_1+a_2+a_3=21$,$a_1\cdot a_2\cdot a_3=216$,求 $q$.

## 4.3.2　等比数列的前 $n$ 项和

### ★ 新知识点

实例观察:数列 1,2,4,8,…,$2^{63}$ 的和

$$S_{64}=1+2+4+8+\cdots+2^{63} \quad ①$$

同乘公比 $q=2$ 有

$$2S_{64}=2+4+8+\cdots+2^{63}+2^{64} \quad ②$$

②−①有

$$S_{64}=2^{64}-1.$$

**1. 等比数列前 $n$ 项和**

设等比数列$\{a_n\}$首项为 $a_1$,公比为 $q$,前 $n$ 项和 $S_n$,即

$$S_n=a_1+a_2+a_3+\cdots+a_n.$$

根据等比数列通项公式,上式可写成

$$S_n=a_1+a_1q+a_1q^2+\cdots+a_1q^{n-1}. \quad ①$$

①的两边乘 $q$ 得

$$qS_n=a_1q+a_1q^2+\cdots+a_1q^{n-1}+a_1q. \quad ②$$

①−②有

$$(1-q)S_n=a_1-a_1q$$

当 $q\neq1$ 时,得到等比数列$\{a_n\}$的前 $n$ 项和的公式 $S_n=\frac{a_1(1-q^n)}{1-q}$,$n\in\mathbf{N}^*$.

当 $q=1$ 时,显然得等比数列$\{a_n\}$的前 $n$ 项和的公式 $S_n=na_1$,$n\in\mathbf{N}^*$.

**2. 性　质**

**定理**　若等比数列$\{a_n\}$的前 $n$ 项和 $S_n$,$k\in\mathbf{N}^*$,则有数列 $S_{2n}-S_n$,$S_{3n}-S_{2n}$,$S_{4n}-S_{3n}$,…,$S_{kn}-S_{(k-1)n}$,…成等比数列.

### ★ 知识巩固

**例 1**　求等比数列 1,2,4,8,…的前 20 项和.

**解**　由等比数列$\{a_n\}$中,首项 $a_1=1$,公比 $q=2$,项数 $n=20$,有

$$S_{20}=\frac{a_1(1-q^{20})}{1-q}=\frac{1\times(1-2^{20})}{1-2}=2^{20}-1.$$

**例 2**　求 $1\frac{1}{2}+2\frac{1}{4}+3\frac{1}{8}+\cdots+\left(n+\frac{1}{2^n}\right)$的和.

**解**　$1\frac{1}{2}+2\frac{1}{4}+3\frac{1}{8}+\cdots+\left(n+\frac{1}{2^n}\right)$

$=(1+2+3+\cdots+n)+\left(\frac{1}{2}+\frac{1}{4}+\frac{1}{8}+\cdots+\frac{1}{2^n}\right)$

$=\frac{n(1+n)}{2}+\frac{\frac{1}{2}\left[1-\left(\frac{1}{2}\right)^n\right]}{1-\frac{1}{2}}$

$=\frac{1}{2}n^2+\frac{1}{2}n+1-\frac{1}{2^n}$.

**例 3** 等比数列$\{a_n\}$中,前 3 项的和为$\frac{9}{2}$,前 6 项的和为$\frac{14}{3}$,求公比 $q$ 和首项 $a_1$.

**解** 由等比数列$\{a_n\}$前 $n$ 项和 $S_n=\frac{a_1(1-q^n)}{1-q}$,有

$$S_3=\frac{a_1(1-q^3)}{1-q}=\frac{9}{2} \quad ①$$

$$S_6=\frac{a_1(1-q^6)}{1-q}=\frac{14}{3} \quad ②$$

②÷①得 $1+q^3=\frac{28}{27}$,即 $q^3=\frac{1}{27}$.

解得 $q=\frac{1}{3}$.

将 $q=\frac{1}{3}$代入①,有

$$\frac{a_1\left(1-\frac{1}{27}\right)}{1-\frac{1}{3}}=\frac{9}{2},$$

即 $\frac{13}{9}a_1=\frac{9}{2}$.

所以 $a_1=\frac{81}{26}$.

**课堂练习 4.3.2**

1. 等比数列$\{a_n\}$中,(1) 若 $a_1=3,q=2,n=6$,求 $S_n$.

(2) 若 $a_1=8,q=\frac{1}{2},a_n=\frac{1}{2}$,求 $S_n$.

2. 求$(a-1)+(a^2-2)+(a^3-3)+\cdots+(a^n-n)$的和.

3. 等比数列$\{a_n\}$中,$S_n=189,q=2,a_n=96$,求 $a_1$ 与 $n$.

# 习题 4.3

1. 等比数列$\{a_n\}$中,(1) 若 $a_1=2,S_3=26$,求 $q$ 与 $a_3$;(2) 若 $a_3=\frac{3}{2},S_3=\frac{9}{2}$,求 $a_1$ 与 $q$.

2. 求下列各组数的等比中项.

(1) $7+3\sqrt{5}$与 $7-3\sqrt{5}$; (2) $a^4+a^2b^2$ 与 $b^4+a^2b^2(a\neq0,b\neq0)$.

3. 在 160 与 5 中间插入 4 个数,使它们同这两个数成等比数列,求这四个数.

4. 已知数列$\{a_n\}$满足 $a_1=1,a_{n+1}=2a_n+1$,(1) 求证数列$\{a_n+1\}$是等比数列;(2) 求数列$\{a_n\}$的通项公式 $a_n$;(3) 求数列$\{a_n\}$的前 $n$ 项和 $S_n$.

5. 等比数列$\{a_n\}$中,若 $S_n=48,S_{2n}=60$,求 $S_{3n}$.

# 本章小结

**1. 知识结构**

本章主要内容是数列的概念，等差数列、等比数列的通项公式与前 $n$ 项和的公式.

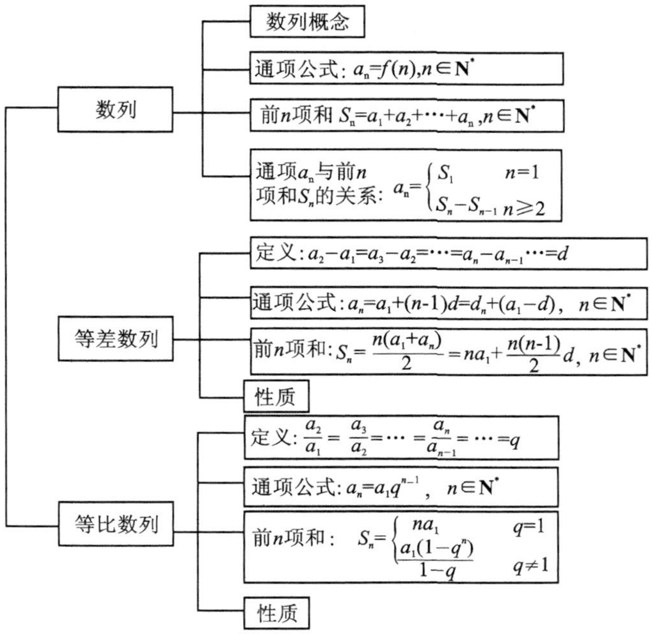


**2. 方法总结**

(1) 数列是定义在正整数集上的特殊函数，学习时要注意数列与函数的联系，通过相应的函数及其图像的特征去学习数列和应用数列.

(2) 等差数列与等比数列在内容上是完全平行的，学习时对应类比起来，进一步认识它们之间的区别与联系.

(3) 善于应用通项 $a_n$ 与前 $n$ 项和 $S_n$ 的关系，进而利用等差数列、等比数列的定义，判定数列的类别，应用相关公式解决一些简单的实际问题.

# 复习题 4

1. 选择题

(1) 下列四个数中，是数列$\{n(n+2)\}$中的一项的是(　　).

A. 17　　B. 32　　C. 39　　D. 48

(2) 若数列 $1,\sqrt{3},\sqrt{5},\sqrt{7},\cdots,\sqrt{2n-1}\cdots$，则 $3\sqrt{5}$是它的(　　).

A. 第 22 项　　B. 第 23 项　　C. 第 24 项　　D. 25 项

(3) 数列 0,2,0,2,0,2,…的一个通项公式是(　　).

A. $a_n=1+(-1)^{n+1}$　　B. $a_n=1+(-1)^n$

C. $a_n=1+(-1)^{n-1}$　　D. 2

(4) 在数列$\{a_n\}$中,$a_{n+1}=a_n-10$ 且 $a_1=2$,则 $a_5=$(　　).

A. $-8$　　B. $-18$　　C. $-28$　　D. $-38$

(5) 等差数列$\frac{3}{2},-\frac{1}{2},-\frac{5}{2},-\frac{9}{2},\cdots$的一个通项公式为(　　)

A. $2n-\frac{1}{2}$　　B. $\frac{3}{2}-2n$　　C. $\frac{7}{2}-2n$　　D. $\frac{3}{2}+2n$

(6) 等差数列$\{a_n\}$中,$S_{10}=120$,则 $a_1+a_{10}$的值是(　　).

A. 12　　B. 24　　C. 36　　D. 48

(7) 等比数列$\{a_n\}$中,公比 $q=2$,则$\frac{2a_1+a_2}{2a_3+a_4}=$(　　).

A. 1　　B. $\frac{1}{2}$　　C. $\frac{1}{4}$　　D. $\frac{1}{8}$

(8) 等比数列$\{a_n\}$中,公比 $q=-2$,$S_5=44$,则 $a_1=$(　　).

A. $-4$　　B. $-2$　　C. 2　　D. 4

2. 填空题

(1) 在数列$\{a_n\}$中,$a_1=3$, $a_{10}=21$,则 $a_{2016}=$________.

(2) 等差数列$\{a_n\}$中,若 $a_3=12$, $a_6=27$,则 $S_8=$________.

(3) 等差数列$\{a_n\}$中,若 $a_1+a_4+a_7=39$,$a_2+a_5+a_8=33$,则 $a_3+a_6+a_9=$________.

(4) 等差数列$\{a_n\}$中,$a_1=3$,$a_n=48$,$a_{2n-3}=192$,则 $n=$________.

(5) $2+\sqrt{3}$与 $2-\sqrt{3}$的等比中项为________.

3. 在数列$\{a_n\}$中,$a_1=2$,$a_{17}=66$,通项公式是项数 $n$ 的一次函数,(1) 求数列$\{a_n\}$的通项公式;(2) 78 是否是数列$\{a_n\}$的项,若是,是第几项?

4. 在等差数列$\{a_n\}$中,$d=2$,$a_n=11$,$S_n=35$,求 $a_1$ 和 $n$.

5. 求数列 $1,3a,5a^2,7a^3,\cdots(a\neq0)$的前 $n$ 项和 $S_n$.

# 趣味阅读

## 陈景润与哥德巴赫猜想

1742 年 6 月 7 日德国数学家哥德巴赫提出两个猜想:

(1) 每个大于或等于 6 的偶数都可以表示为两个系数之和,即(1+1);

(2) 每个大于或等于 9 的奇数都可以表示为三个系数之和,(2)是(1)的推论.

哥德巴赫猜想提出来后,数学家为证明它付出了长期的努力,直到 1966 年,我国数学家陈景润证明了(1+2),即每一个充分大的偶数都能够表示成一个系数及一个不超过两个系数的乘积之和,走到证明这个猜想的最前列.

1933 年 5 月 22 日,陈景润出生在福建省闽候县胪月雪村,1950 年秋,考入厦门大学数学系,1953 年提前毕业分配到北京市一所中学任教,1954 年返回厦门大学工作,适逢抗美援朝,国民党飞机轰炸,厦门大学转移到山区,师生常躲进防空洞,吃住不在一起,每天跑几趟,陈景润总是把书本带在身上，边走边看书，他对数学的钻研如痴如迷，全力功读华罗庚(我国著名数学家，1910—1985)所著的《堆垒系数论》和《数论引导》，并写出了关于“塔利问题”的论文，1957年由华罗庚推荐，陈景润调入中国科学院数学研究所. 陈景润中学时代，学习了英语，大学里学习了俄语，为尽快了解外部信息，在数学研究所用 15 年的时间自学了法语、德语、日语、意大利语和西班牙语，从而可以直接阅读各语种的资料和文献原文.

陈景润是数学研究所里“安、钻、迷”的典型，对于他来说，从来没有节假日和星期天，平时也听不到下班的钟声. 通过 10 年的努力，他用过的稿纸积在楼板上有三尺高. 1966 年他终于写出了长达 200 多页的长篇论文，证明了世界顶尖难题“1＋2”，然后他仍绞尽脑汁琢磨用更新更简明的方法改进，直到 1973 年 2 月发表了“1＋2”的全部证明，在世界数学界引起了强烈的反响. 1996 年 3 月 19 日，陈景润先生与世长辞.

对于哥德巴赫猜想，200 多年来，人们用各种手段，包括用现代最先进的计算机进行验证，都没有推翻这个猜想. 同时，至今还没有人完全证明这一个猜想，它仍吸引着众多的数学家努力拼搏.

# 第 5 章　三角函数

运动中有一大类是圆周运动，在神秘的自然界中，很多现象呈现出周期性的变化. 三角函数是研究圆周运动和周期性现象的重要数学工具，同时三角函数作为基本初等函数之一，对今后数学的学习也至关重要.

本章将在锐角三角函数的基础上，对角的概念进行推广，并研究任意角三角函数的图像、性质及其在实际中的应用.

## 5.1　角的概念推广与弧度制

### 5.1.1　角的概念推广

**★ 新知识点**

**1. 角的定义**

(1) 定义：一条射线由位置 $OA$，绕着它的端点 $O$ 旋转到另一位置 $OB$，所形成的图形称为角(见图 5-1(a)). 旋转开始位置的射线 $OA$ 称为角的始边，终止位置的射线 $OB$ 称为角的终边，端点 $O$ 称为角的顶点.

(2) 规定：按逆时针方向旋转所形成的角称为正角(见图 5-1(b))，按顺时针方向旋转所形成的角称为负角(见图 5-1(c))，未作任何旋转所形成的角称为零角.

(3) 范围：角的概念推广后，可以有任意大小的正角、负角或零角，从而角的范围是 $-\infty°\sim+\infty°$.

(4) 表示：以前使用角的顶点或顶点与边的字母表示角，如图 5-1(a)所示，将角记为"$\angle O$"或"$\angle AOB$"，今后经常使用小写希腊字母 $\alpha,\beta,\gamma,\cdots$表示角.

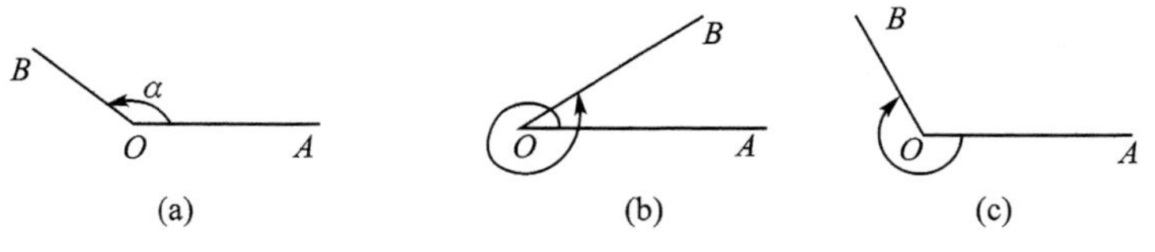


**图 5-1**

**2. 角的表示**

为了研究方便，经常在平面直角坐标系中研究角，将角的顶点与坐标原点 $O$ 重合，始边与 $x$ 轴的正半轴重合.

角的终边在第几象限，就把这个角称第几象限角. 如图 5-2 所示，30°，390°，−330°均是第一象限角，120°是第二象限角，−120°是第三象限角，−60°，300°均是第四象限角.

终边在坐标轴上的角称为轴线角或界限角，如 0°，90°，180°，270°，360°，−90°，−180°，

$-270°$均是轴线角.

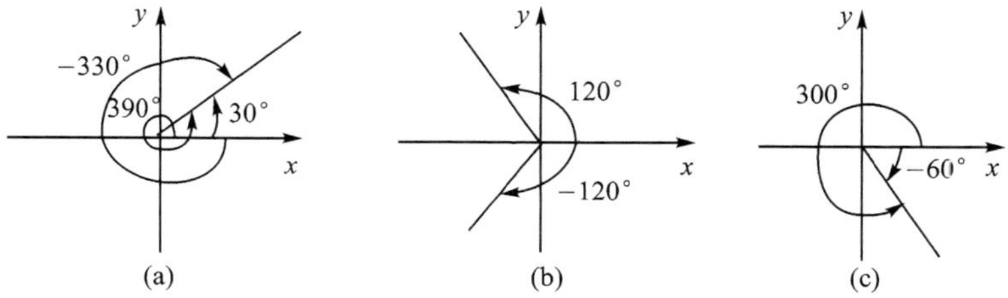


**图 5 - 2**

**3. 终边相同的角**

从图 5 - 2(a)可以看出,$390°$,$-330°$,均与 $30°$终边相同,而 $390°$与$-330°$可以分别写成:$390°=1\times 360°+30°$,$-330°=(-1)\times 360°+30°$. 即 $390°$,$-330°$都可以表示成 $360°$的整数倍与 $30°$的和.

一般地,与角 $\alpha$ 终边相同的角都可以写成$k\cdot 360°+\alpha(k\in \mathbf{Z})$的形式,可见与角 $\alpha$ 终边相同的角有无限多个. 它们所组成的集合为$\{\beta|\beta=k\cdot 360°+\alpha,k\in \mathbf{Z}\}$.

**★ 知识巩固**

**例 1**　写出与下列各角终边相同的角的集合,并把其中$-360°\sim 720°$的范围的角表示出来.

(1) $30°$;　　　　(2) $-72°$.

**解**　(1) 与 $30°$终边相同的角的集合为$\{\beta|\beta=k\cdot 360°+30°,k\in \mathbf{Z}\}$.

当 $k=-1$ 时,$(-1)\times 360°+30°=-330°$;

当 $k=0$ 时,$0\times 360°+30°=30°$;

当 $k=1$ 时,$1\times 360°+30°=390°$.

所以在$-360°\sim 720°$范围内,与 $30°$终边相同角为$-300°$,$30°$,$390°$.

(2) 与$-72°$终边相同的角的集合为$\{\beta|\beta=k\cdot 360°-72°,k\in \mathbf{Z}\}$.

当 $k=0$ 时,$0\times 360°-72°=-72°$;

当 $k=1$ 时,$1\times 360°-72°=288°$;

当 $k=2$ 时,$2\times 360°-72°=648°$.

所以在$-360°\sim 720°$的范围内,与$-72°$终边相同的角为$-72°$,$288°$,$648°$.

**例 2**　写出(1) 终边在 $y$ 轴正半轴上的角的集合;(2) 终边在 $y$ 轴负半轴上的角的集合;(3) 终边在 $y$ 轴上的角的集合.

**解**　(1) 终边在 $y$ 轴正半轴上的角的集合即为与 $90°$终边相同的角的集合,记为

$$B_1=\{\beta|\beta=k\cdot 360°+90°,k\in \mathbf{Z}\}.$$

(2) 终边在 $y$ 轴负半轴上的角的集合即为与 $270°$终边相同的角的集合,记为

$$B_2=\{\beta|\beta=k\cdot 360°+270°,k\in \mathbf{Z}\}.$$

(3) 终边在 $y$ 轴上的角的集合为终边在 $y$ 轴正半轴上的角的集合与终边在 $y$ 轴负半轴上的角的集合的并集,即

$$\begin{aligned}B_1\cup B_2&=\{\beta|\beta=k\cdot 360°+90°,k\in \mathbf{Z}\}\cup\{\beta|\beta=k\cdot 360°+270°,k\in \mathbf{Z}\}\\&=\{\beta|\beta=2k\cdot 180°+90°,k\in \mathbf{Z}\}\cup\{\beta|\beta=(2k+1)180°+90°,k\in \mathbf{Z}\}\end{aligned}$$

$=\{\beta|\beta=n\cdot180°+90°,k\in\mathbf{Z}\}$.

## 课堂练习 5.1.1

1. 在 0°～360 °的范围内,找出与下列各个角终边相同的角,并指出它们是哪个象限的角.

(1) 395°;　　(2) −150°;　　(3) 1565°;　　(4) −5395°.

2. 写出与下列各角终边相同的角的集合,并把在−360°～360°范围内的角写出来.

(1) 45°;　　(2) −75°.

## 5.1.2 弧度制

### ★ 新知识点

**1. 弧度制概念**

已有知识:将圆周的$\frac{1}{360}$所对的圆心角称为 1 度角,记为 1°. 1 度等于 60 分(即 1°=60′),1 分等于 60 秒(即 1′=60″),以度为单位来度量角的单位制称为角度制.

(1) 定义:将等于半径长的圆弧所对的圆心角称为 1 弧度角,记为 1 弧度或 1 rad,以弧度为单位来度量角的单位制称为弧度制.

(2) 角的范围:规定正角的弧度数为正数,负角的弧度数为负数,零角的弧度数为 0. 由此角的范围是$(-\infty,+\infty)$或实数集 **R**.

(3) 弧长公式:当圆心角 $\alpha$ 用弧度表示时,其所对圆弧长 $l$ 与圆心角 $\alpha$、圆半径 $r$ 的关系为

$$l=|\alpha|\cdot r.$$

**2. 角度制与弧度制的转化**

由于周角是圆周所对的圆心角,其圆周长为 $2\pi r$,所以周角在角度制和弧度制中分别为 360°和 $2\pi$ rad,从而

$$360°=2\pi\ \text{rad},$$

即

$$180°=\pi\ \text{rad}.$$

因此角度与弧度的转换公式为

$$1°=\frac{\pi}{180}\ \text{rad}\approx0.017\ 45\ \text{rad},$$

$$1\ \text{rad}=\left(\frac{180}{\pi}\right)^{\circ}\approx57.3°=57°18'.$$

今后用弧度制表示角的大小时,在不产生误解的情况下,通常可以省略单位"弧度"或 rad. 例如,$\frac{\pi}{2}$rad,1 rad 可分别写成$\frac{\pi}{2}$,1.

**提醒:**采用弧度制后,每一个角都对应唯一的一个实数,反之每一个实数都对应唯一的角,从而角与实数之间建立了一一对应关系,由此角的范围就是实数集 **R** 或$(-\infty,+\infty)$.

### ★ 知识巩固

**例 3**　把下列各个角由角度转化成弧度.

(1) 15°;　　(2) 30°;　　(3) 45°;　　(4) 60°.

**解**　(1) $15°=15\times\frac{\pi}{180}=\frac{\pi}{12}$;

(2) $30°=30\times\frac{\pi}{180}=\frac{\pi}{6}$;

(3) $45°=45\times\frac{\pi}{180}=\frac{\pi}{4}$;

(4) $60°=60\times\frac{\pi}{180}=\frac{\pi}{3}$.

**例 4**　把下列各个角由弧度转化成角度.

(1) $\frac{\pi}{2}$;　　(2) $\frac{2}{3}\pi$;　　(3) $\frac{3}{4}\pi$;　　(4) $\frac{5}{6}\pi$.

**解**　(1) $\frac{\pi}{2}=\frac{\pi}{2}\times\frac{180°}{\pi}=90°$;

(2) $\frac{2}{3}\pi=\frac{2}{3}\pi\times\frac{180°}{\pi}=120°$;

(3) $\frac{3}{4}\pi=\frac{3}{4}\pi\times\frac{180°}{\pi}=135°$;

(4) $\frac{5}{6}\pi=\frac{5}{6}\pi\times\frac{180°}{\pi}=150°$.

### 课堂练习 5.1.2

1. 把下列各个角由角度转换成弧度.

(1) 75°;　　(2) 108°;　　(3) −240°;　　(4) 330°.

2. 把下列各个角由弧度转换成角度:

(1) $\frac{\pi}{2}$;　　(2) $-\frac{5}{4}\pi$;　　(3) $\frac{2}{5}\pi$;　　(4) $-4\pi$.

3. 经过 2 小时,钟表的时针和分针各转多少度?将其转化为弧度.

## 习题 5.1

1. 填空题

(1) 所有与角 $\alpha$ 终边相同的角组成一个集合.当是 $\alpha$ 是角度时,这个集合为________;当 $\alpha$ 是弧度时,这个集合为________.

(2) $k\cdot 360°-30°(k\in \mathbf{Z})$所表示的角是第________象限的角;而 $2k\pi+\frac{3}{4}\pi(k\in \mathbf{Z})$所表示的角是第________象限的角.

2. 若 $\alpha$ 是第二象限角,指出$\frac{\alpha}{2}$是第几象限的角.

3. 写出与下列各角终边相同的角的集合,并把其中在 0°～360°或$(0,2\pi)$范围内的角写出来.

(1) 420°;　　(2) −135°;　　(3) $\frac{9}{4}\pi$;　　(4) $-\frac{\pi}{6}$.

4. 某蒸汽机上的飞轮直径为 1.2 m,每分钟按逆时方向转 300 圈,求(1)飞轮每分钟转过的弧度数;(2) 飞轮圆周一点每秒钟经过的弧长.

# 5.2 任意角的三角函数

## 5.2.1 三角函数的定义

**★ 新知识点**

**1. 锐角三角函数定义**

锐角三角函数是在直角三角形中定义的,如图 5-3(a)所示,在直角△$ABC$ 中,定义

$$\sin\alpha=\frac{a}{c}=\frac{\alpha\text{的对边}}{\alpha\text{的斜边}},\cos\alpha=\frac{b}{c}=\frac{\alpha\text{的邻边}}{\alpha\text{的斜边}},\tan\alpha=\frac{a}{b}=\frac{\alpha\text{的对边}}{\alpha\text{的邻边}}.$$

将直角△$ABC$ 放入直角坐标 $xOy$ 中,使点 $A$ 与原点 $O$ 重合,$AC$ 在 $x$ 轴正半轴上(见图 5-3(b)).设点 $P$(即 $B$ 点)坐标为$(x,y)$,$r$ 是角 $\alpha$ 终边上的点,点 $P$ 到原点 $O$ 的距离 $r=\sqrt{x^2+y^2}$,于是三角函数定义可写为 $\sin\alpha=\frac{y}{r}$,$\cos\alpha=\frac{x}{r}$,$\tan\alpha=\frac{y}{x}$.

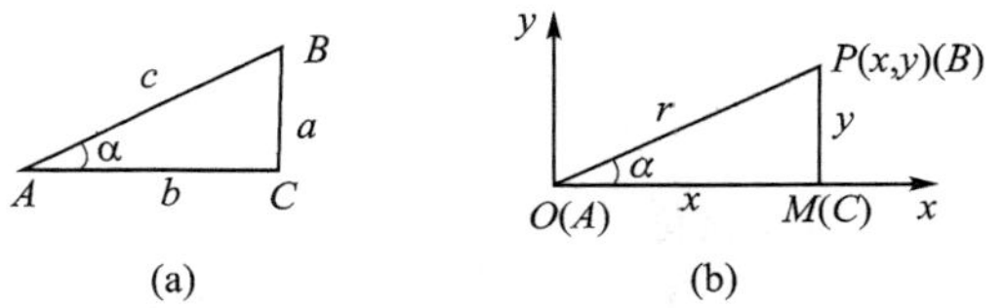


图 5-3

**2. 任意角三角函数定义**

(1) 定义:一般地,设 $\alpha$ 是平面直角坐标系中的一个任意角,点 $P(x,y)$是角 $\alpha$ 终边上的任意点,点 $P$ 到原点 $O$ 的距离 $r=\sqrt{x^2+y^2}>0$,如图 5-4 所示,那么 $\alpha$ 角的三角函数分别定义为

正弦函数 $\sin\alpha=\frac{y}{r}(\alpha\in\mathbf{R})$;

余弦函数 $\cos\alpha=\frac{x}{r}(\alpha\in\mathbf{R})$;

正切函数 $\tan\alpha=\frac{y}{x}\left(\alpha\in\mathbf{R}\text{ 且 }\alpha\neq k\pi+\frac{\pi}{2},k\in\mathbf{Z}\right)$;

余切函数 $\cot\alpha=\frac{x}{y}(\alpha\in\mathbf{R}\text{ 且 }\alpha\neq k\pi,k\in\mathbf{Z})$;

正割函数 $\sec\alpha=\frac{r}{x}\left(\alpha\in\mathbf{R}\text{ 且 }\alpha\neq k\pi+\frac{\pi}{2},k\in\mathbf{Z}\right)$;

余割函数 $\csc\alpha=\frac{r}{y}(\alpha\in\mathbf{R}\text{ 且 }\alpha\neq k\pi,k\in\mathbf{Z})$.

**提醒:**当角 $\alpha$ 的终边在 $y$ 轴上时,$\alpha=k\pi+\frac{\pi}{2}(k\in\mathbf{Z})$,终边上任意点的横坐标 $x=0$,此时

$\tan\alpha=\frac{y}{x}$ 和 $\sec\alpha=\frac{r}{x}$ 均无意义；当有 $\alpha$ 的终边在 $x$ 轴上时，$\alpha=k\pi(k\in\mathbf{Z})$，终边上任意的纵坐标 $y=0$，此时 $\cot\alpha=\frac{x}{y}$ 和 $\csc\alpha=\frac{r}{y}$ 均无意义. 除上述情形外，对于任意角 $\alpha$，三角函数均有意义，由此而得定义域.

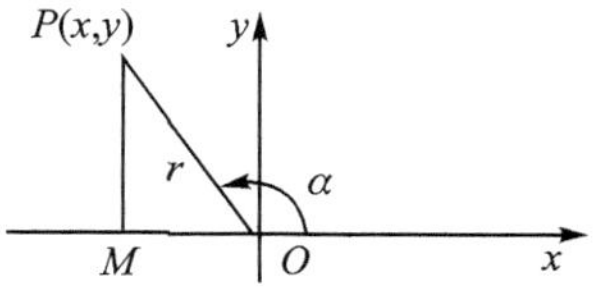


图 5 - 4

**3. 各象限三角函数值的符号**

(1) 正弦函数 $\sin\alpha=\frac{y}{r}$ 和余割函数 $\csc\alpha=\frac{r}{y}$ 的符号仅与直角坐标系中纵坐标 $y$ 有关，如图 5 - 5(a)所示.

(2) 余弦函数 $\cos\alpha=\frac{x}{r}$ 和正割函数 $\sec\alpha=\frac{r}{x}$ 的符号仅与直角坐标系中横坐标 $x$ 有关，如图 5 - 5(b)所示.

(3) 正切函数 $\tan\alpha=\frac{y}{x}$ 和余切函数 $\cot\alpha=\frac{x}{y}$ 的符号与直角坐标系中横坐标 $x$ 和纵坐标 $y$ 均有关，如图 5 - 5(c)所示.

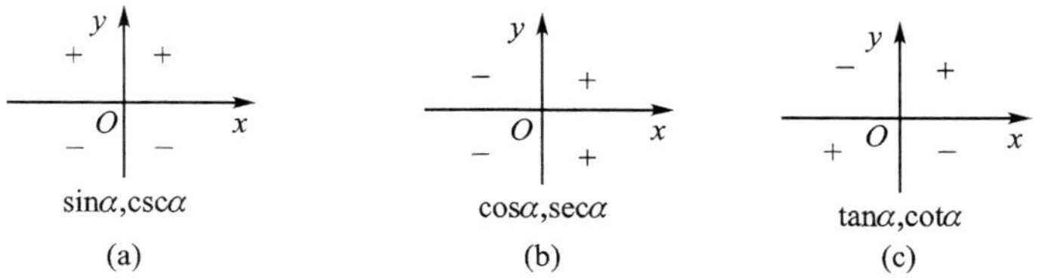


图 5 - 5

**4. 特殊角的三角函数值**

利用三角函数定义，可得到下列特殊角的三角函数值(见表 5 - 1).

表 5 - 1

| 三角函数 \ 角 | $0$ | $\frac{\pi}{6}$ | $\frac{\pi}{4}$ | $\frac{\pi}{3}$ | $\frac{\pi}{2}$ | $\frac{2}{3}\pi$ | $\frac{3}{4}\pi$ | $\frac{5}{6}\pi$ | $\pi$ | $\frac{3}{2}\pi$ | $2\pi$ |
|---|---|---|---|---|---|---|---|---|---|---|---|
| | $0°$ | $30°$ | $45°$ | $60°$ | $90°$ | $120°$ | $135°$ | $150°$ | $180°$ | $270°$ | $360°$ |
| $\sin\alpha$ | $0$ | $\frac{1}{2}$ | $\frac{\sqrt{2}}{2}$ | $\frac{\sqrt{3}}{2}$ | $1$ | $\frac{\sqrt{3}}{2}$ | $\frac{\sqrt{2}}{2}$ | $\frac{1}{2}$ | $0$ | $-1$ | $0$ |
| $\cos\alpha$ | $1$ | $\frac{\sqrt{3}}{2}$ | $\frac{\sqrt{2}}{2}$ | $\frac{1}{2}$ | $0$ | $-\frac{1}{2}$ | $-\frac{\sqrt{2}}{2}$ | $-\frac{\sqrt{3}}{2}$ | $-1$ | $0$ | $1$ |
| $\tan\alpha$ | $0$ | $\frac{\sqrt{3}}{3}$ | $1$ | $\sqrt{3}$ | 不存在 | $-\sqrt{3}$ | $-1$ | $-\frac{\sqrt{3}}{3}$ | $0$ | 不存在 | $0$ |
| $\cot\alpha$ | 不存在 | $\sqrt{3}$ | $1$ | $\frac{\sqrt{3}}{3}$ | $0$ | $-\frac{\sqrt{3}}{3}$ | $-1$ | $-\sqrt{3}$ | 不存在 | $0$ | 不存在 |

### ★ 知识巩固

**例 1** 若角 $\alpha$ 的终边经过点 $P(4,-3)$,求角 $\alpha$ 的正弦、余弦、正切值.

**解** 由角 $\alpha$ 的终边经过点 $P(4,-3)$,有

$$x=4,y=-3,r=|OP|=\sqrt{x^2+y^2}=\sqrt{4^2+(-3)^2}=5.$$

所以 $\sin\alpha=\dfrac{y}{r}=\dfrac{-3}{5}=-\dfrac{3}{5}$;

$\cos\alpha=\dfrac{x}{r}=\dfrac{4}{5}$;

$\tan\alpha=\dfrac{y}{x}=\dfrac{-3}{4}=-\dfrac{3}{4}$.

**例 2** 判断下列角的正弦、余弦、正切值的符号.

(1) $1\,475°$; (2) $\dfrac{26}{5}\pi$.

**解** (1) 由 $1\,475°=4\times360°+35°$,知 $1\,475°$是第一象限角,
故 $\sin1\,475°>0,\cos1\,475°>0,\tan1\,475°>0$.

(2) 由 $\dfrac{26}{5}\pi=2\times2\pi+\dfrac{6}{5}\pi$,知 $\dfrac{26}{5}\pi$ 是第三象限角,

故 $\sin\dfrac{26}{5}\pi<0,\cos\dfrac{26}{5}\pi<0,\tan\dfrac{26}{5}\pi>0$.

**例 3** 若 $\cos\theta<0$ 且 $\tan\theta<0$. 确定 $\theta$ 是第几象限的角.

**解** 由 $\cos\theta<0$,知角 $\theta$ 可能是第二、三象限角或终边在 $x$ 轴负半轴上的角. 又由 $\tan\theta<0$,知角 $\theta$ 可能是第二、四象限角. 从而 $\theta$ 是二象限角.

**例 4** 求 $3\sin\dfrac{\pi}{2}+4\cos\pi-2\tan0°+3\tan45°$的值.

**解** $3\sin\dfrac{\pi}{2}+4\cos\pi-2\tan0°+3\tan45°$

$=3\times1+4\times(-1)-2\times0+3\times1$

$=3-4-0+3=2$.

## 课堂练习 5.2.1

1. 若角 $\alpha$ 的终边经过点 $P\left(\dfrac{1}{2},-\dfrac{\sqrt{3}}{2}\right)$,求角 $\alpha$ 的正弦、余弦、正切值.

2. 判断下列角的正弦、余弦、正切值的符号.

(1) $530°$; (2) $\dfrac{17}{6}\pi$.

3. 若 $\sin\theta<0$ 且 $\cos\theta>0$,确定 $\theta$ 是第几象限的角.

4. 求 $3\sin270°-2\cos180°-\sin90°+\sqrt{3}\tan0°$的值.

## 5.2.2　同角三角函数的基本关系

### ★ 新知识点

**1. 同角三角函数基本关系**

设角 $\alpha$ 的终边上任意点 $P(x,y)$，$r=|OP|=\sqrt{x^2+y^2}$，由三角函数定义，有

$\sin\alpha\cdot\csc\alpha=\frac{y}{r}\times\frac{r}{y}=1$，

$\cos\alpha\cdot\sec\alpha=\frac{x}{r}\times\frac{r}{x}=1$，

$\tan\alpha\cdot\cot\alpha=\frac{y}{x}\times\frac{x}{y}=1$，

$\tan\alpha=\frac{y}{x}\times\frac{y/r}{x/r}=\frac{\sin\alpha}{\cos\alpha}$，

$\cot\alpha=\frac{x}{y}\times\frac{x/r}{y/r}=\frac{\cos\alpha}{\sin\alpha}$，

$\sin^2\alpha+\cos^2\alpha=\left(\frac{y}{r}\right)^2+\left(\frac{x}{r}\right)^2=\frac{x^2+y^2}{r^2}=\frac{r^2}{r^2}=1$，

$1+\tan^2\alpha=1+\left(\frac{y}{x}\right)^2=\frac{x^2+y^2}{x^2}=\left(\frac{r}{x}\right)^2=\sec^2\alpha$，

$1+\cot^2\alpha=1+\left(\frac{x}{y}\right)^2=\frac{x^2+y^2}{y^2}=\left(\frac{r}{y}\right)^2=\csc^2\alpha$.

所以得到同角三角函数的基本关系.

(1) 倒数关系：$\sin\alpha\cdot\csc\alpha=1$，$\cos\alpha\cdot\sec\alpha=1$，$\tan\alpha\cdot\cot\alpha=1$.

(2) 商数关系：$\tan\alpha=\frac{\sin\alpha}{\cos\alpha}$，$\cot\alpha=\frac{\cos\alpha}{\sin\alpha}$.

(3) 平方关系：$\sin^2\alpha+\cos^2\alpha=1$，$1+\tan^2\alpha=\sec^2\alpha$，$1+\cot^2\alpha=\csc^2\alpha$.

**2. 同角三角函数基本关系的应用**

(1) 已知角的一个三角函数值，可利用平方关系求相应一个同角的三角值，再利用商数关系、倒数关系求出其他的同角三角函数值.

(2) 利用同角三角函数基本关系化简三角式和证明三角恒等式.

### ★ 知识巩固

**例 1**　已知 $\cos\alpha=\frac{4}{5}$ 且 $\alpha$ 是第四象限的角，求 $\sin\alpha$ 和 $\tan\alpha$.

**解**　由平方关系 $\sin^2\alpha+\cos^2\alpha=1$ 有 $\sin\alpha=\pm\sqrt{1-\sin^2\alpha}$.

又 $\alpha$ 是第四象限的角，有 $\sin\alpha<0$，所以

$$\sin\alpha=-\sqrt{1-\sin^2\alpha}=-\sqrt{1-\left(\frac{4}{5}\right)^2}=-\frac{3}{5},$$

$$\tan\alpha=\frac{\sin\alpha}{\cos\alpha}=\frac{-\frac{3}{5}}{\frac{4}{5}}=-\frac{3}{4}.$$

**例 2**　已知 $\tan\alpha=2$,求$\dfrac{2\sin\alpha+3\cos\alpha}{3\sin\alpha-\cos\alpha}$的值.

**解**　由 $\tan\alpha=2$ 知 $\cos\alpha\neq 0$,所以有

$$\frac{2\sin\alpha+3\cos\alpha}{3\sin\alpha-\cos\alpha}=\frac{2\tan\alpha+3}{3\tan\alpha-1}=\frac{2\times 2+3}{3\times 2-1}=\frac{7}{5}$$

**例 3**　已知 $\alpha$ 是第三象限角,化简 $\tan\alpha\cdot\sqrt{1-\sin^2\alpha}$.

**解**　$\alpha$ 是第三象限角,则 $\cos\alpha<0$.

$\therefore$原式$=\tan\alpha\cdot\sqrt{\cos^2\alpha}=\dfrac{\sin\alpha}{\cos\alpha}\cdot(-\cos\alpha)=-\sin\alpha$.

## 课堂练习 5.2.2

1. 已知 $\cos\alpha=\dfrac{1}{2}$且 $\alpha$ 是第一象限角,求 $\sin\alpha$ 和 $\tan\alpha$.

2. 已知 $\tan\alpha=3$,求$\dfrac{4\sin\alpha}{\sin\alpha-\cos\alpha}$的值.

3. 已知 $\alpha$ 是第一象限角,化简$\sqrt{\dfrac{1}{\cos^2\alpha}-1}$.

## 习题 5.2

1. 若角 $\alpha$ 的终边经过点 $P(-3,4)$,求 $\sin\alpha,\cos\alpha,\tan\alpha$.

2. 已知 $\sin\alpha=2\cos\alpha$,求$\dfrac{\tan\alpha}{2\tan\alpha-1}$的值.

3. 已知 $\sin\theta+\cos\theta=\dfrac{1}{5},\theta\in\left(\dfrac{\pi}{2},\pi\right)$,求 $\sin\theta,\cos\theta,\tan\theta$.

4. 已知 $\tan\alpha+\cot\alpha=2$,求 $\tan^2\alpha+\cot^2\alpha$ 的值.

5. 化简(1) $\dfrac{\sqrt{1-2\sin 10^\circ\cdot\cos 10^\circ}}{\cos 10^\circ-\sin 10^\circ}$　　$(\cos 10^\circ>\sin 10^\circ)$;

(2) $\sqrt{(1-\tan\alpha)\cos^2\alpha+(1+\cot\alpha)\sin^2\alpha}$.

6. 已知 $\cos\alpha+\cos^2\alpha=1$,求 $\sin^2\alpha+\sin^6\alpha+\sin^8\alpha$ 的值.

# 5.3　正弦、余弦的诱导公式

### ★ 新知识点

**1. $k\cdot 360^\circ+\alpha(k\in\mathbf{Z})$的诱导公式**

由于角 $k\cdot 360^\circ+\alpha(k\in\mathbf{Z})$与角 $\alpha$ 终边相同,根据三角函数定义知:角 $k\cdot 360^\circ+\alpha(k\in\mathbf{Z})$和角 $\alpha$ 的同名三角函数值相等,即

$$\sin(k\cdot 360^\circ+\alpha)=\sin\alpha,\cos(k\cdot 360^\circ+\alpha)=\cos\alpha,k\in\mathbf{Z}.\qquad(5-1)$$

当 $\alpha$ 是弧度数时,式(5-1)也可写成

$$\sin(2k\pi+\alpha)=\sin\alpha,\cos(2k\pi+\alpha)=\cos\alpha,k\in\mathbf{Z}.$$

**2. $180°-\alpha$ 的诱导公式**

由于角 $180°-\alpha$ 与角 $\alpha$ 终边关于 $y$ 轴对称，根据三角函数定义知：角 $180°-\alpha$ 和角 $\alpha$ 的正弦值相等，余弦值相反，即

$$\sin(180°-\alpha)=\sin\alpha,\quad \cos(180°-\alpha)=-\cos\alpha. \tag{5-2}$$

当 $\alpha$ 是弧度数时，式(5-2)也可写成

$$\sin(\pi-\alpha)=\sin\alpha,\quad \cos(\pi-\alpha)=-\cos\alpha.$$

**3. $180°+\alpha$ 的诱导公式**

由于角 $180°+\alpha$ 与角 $\alpha$ 终边关于原点对称，根据三角函数定义知：角 $180°+\alpha$ 和角 $\alpha$ 的正弦值和余弦值均相反，即

$$\sin(180°+\alpha)=-\sin\alpha,\quad \cos(180°+\alpha)=-\cos\alpha. \tag{5-3}$$

当 $\alpha$ 是弧度数时，式(5-3)也可写成

$$\sin(\pi+\alpha)=-\sin\alpha,\quad \cos(\pi+\alpha)=-\cos\alpha.$$

**4. $360°-\alpha$ 的诱导公式**

由于角 $360°-\alpha$ 与角 $\alpha$ 的终边关于 $x$ 轴对称，据三角函数定义知：角 $360°-\alpha$ 和角 $\alpha$ 的正弦值相反，余弦值相等，即

$$\sin(360°-\alpha)=-\sin\alpha,\quad \cos(360°-\alpha)=\cos\alpha. \tag{5-4}$$

当 $\alpha$ 是弧度数时，式(5-4)写成

$$\sin(2\pi-\alpha)=-\sin\alpha,\quad \cos(2\pi-\alpha)=\cos\alpha.$$

**5. $-\alpha$ 的诱导公式**

由于角 $-\alpha$ 与角 $\alpha$ 的终边关于 $x$ 轴对称，据三角函数定义知：角 $-\alpha$ 和角 $\alpha$ 的正弦值相反，余弦值相等，即

$$\sin(-\alpha)=-\sin\alpha,\quad \cos(-\alpha)=\cos\alpha. \tag{5-5}$$

**提醒：** 当把 $\alpha$ 看成锐角时，$k\cdot 360°+\alpha(k\in\mathbf{Z})$ 是第一象限角，$180°-\alpha$ 是第二象限角，$180°+\alpha$ 是第三象限角，$360°-\alpha$ 和 $-\alpha$ 均是第四象限角，从而其相应诱导公式符号可由其角的象限确定，即所谓的“符号看象限”.

## ★ 知识巩固

**例 1**　求下列各三角函数值.

(1) $\cos\frac{9}{4}\pi$；　(2) $\sin750°$；　(3) $\sin(-60°)$；　(4) $\cos(-30°)$；

(5) $\sin210°$；　(6) $\sin\frac{2}{3}\pi$；　(7) $\cos330°$；　(8) $\sin315°$.

**解**　(1) $\cos\frac{9}{4}\pi=\cos\left(2\pi+\frac{\pi}{4}\right)=\cos\frac{\pi}{4}=\frac{\sqrt{2}}{2}$；

(2) $\sin750°=\sin(2\times360°+30°)=\sin30°=\frac{1}{2}$；

(3) $\sin(-60°)=-\sin60°=-\frac{\sqrt{3}}{2}$；

(4) $\cos(-30°)=\cos30°=\frac{\sqrt{3}}{2}$；

(5) $\sin 210° = \sin(180° + 30°) = -\sin 30° = -\frac{1}{2}$;

(6) $\sin\frac{2}{3}\pi = \sin\left(\pi - \frac{\pi}{3}\right) = \sin\frac{\pi}{3} = \frac{\sqrt{3}}{2}$;

(7) $\cos 330° = \cos(360° - 30°) = \cos 30° = \frac{\sqrt{3}}{2}$;

(8) $\sin 315° = \cos(360° - 45°) = \cos 45° = -\frac{\sqrt{2}}{2}$.

**例 2** 化简 $\frac{\sin(2\pi-\alpha)\sin(\pi-\alpha)\cdot\cos(-\alpha-\pi)}{\cos(\pi-\alpha)\sin(3\pi-\alpha)}$.

**解** 原式 $= \frac{-\sin\alpha\cdot(-\sin\alpha)\cos(\pi+\alpha)}{-\cos\alpha\ \sin(\pi-\alpha)} = \frac{\sin^2\cdot(-\cos\alpha)}{-\cos\alpha\ \sin\alpha} = \sin\alpha$.

## 课堂练习 5.3

1. 求下列各三角函数值.

(1) $\sin\left(-\frac{11}{6}\pi\right)$; (2) $\cos\frac{7}{3}\pi$; (3) $\sin\left(-\frac{\pi}{4}\right)$; (4) $\cos(-390°)$;

(5) $\cos\frac{8}{3}\pi$; (6) $\sin\frac{17}{3}\pi$; (7) $\cos 225°$; (8) $\sin 495°$.

2. 化简 $\frac{\sin(-2\pi-\alpha)\cdot\cos(6\pi-\alpha)}{\cos(\alpha-\pi)\sin(5\pi+\alpha)}$.

## 习题 5.3

1. 求值:(1) $\sin 1320°$; (2) $\cos\left(-\frac{31}{6}\pi\right)$.

2. 若 $f(x) = \frac{1}{2}\sin 2x + \frac{\sqrt{3}}{2}\cos 2x - \frac{\sqrt{3}}{2}$,求 $f\left(\frac{7}{6}\pi\right)$ 的值.

3. 若 $\sin(3\pi+\alpha) = 3\cos(\pi+\alpha)$,求 $-\frac{2\cos(\pi-\alpha)-\sin(\pi-\alpha)}{4\cos(-\alpha)+\sin(2\pi-\alpha)}$ 的值.

4. 求值:$\frac{\cos 150°\cdot\cos(-570)°\cdot\tan(-330)°}{\cos(-420°)\cdot\sin(-690°)}$.

# 5.4 三角函数和图像和性质

★ 新知识点

## 5.4.1 正弦函数的图像和性质

### 1. 函数的周期性

(1) 周期函数的定义:一般地,对于函数 $y=f(x)$,$x\in D$. 如果存在一个非零的常数 $T$. 对于任意 $x\in D$,均有 $x+T\in D$,并且有 $f(x+T)=f(x)$,则称 $y=f(x)$,$x\in D$ 为周期函数,常数 $T$ 称为这个函数的一个周期,在所有的周期中,如果存在一个最小的正数,那么就称这个最小的正数为函数最小正周期.

例如,正弦函数 $y=\sin x, x\in \mathbf{R}$,对任意 $x\in \mathbf{R}$,恒有 $2k\pi+x\in \mathbf{R}$,并且 $\sin(2k\pi+x)=\sin x$ $(k\in \mathbf{Z})$,从而就称 $2k\pi(k\in \mathbf{Z})$是正弦函数 $y=\sin x$ 的周期,而 $2k\pi(k\in \mathbf{Z})$中的最小正数 $2\pi$ 是正弦函数 $y=\sin x$ 的最小正周期.习惯上,周期就是指最小正周期.

(2) 周期函数图像:若 $y=f(x), x\in D$ 的最小正周期是 $T$,根据周期函数定义,在长度为 $T$ 的相邻区间上,$y=f(x), x\in D$ 图像相同,即图像每隔 $T$ 重复一次.

今后研究三角函数,按惯例均用字母 $x$ 表示角(自变量).

**2. 正弦函数的图像**

(1) $y=\sin x, x\in[0,2\pi]$图像.

列表(见表 5 - 2).

**表 5 - 2**

| $x$ | 0 | $\frac{\pi}{2}$ | $\pi$ | $\frac{3}{2}\pi$ | $2\pi$ |
|---|---|---|---|---|---|
| $y=\sin x$ | 0 | 1 | 0 | $-1$ | 0 |

利用“五点法”得图像(见图 5 - 6).

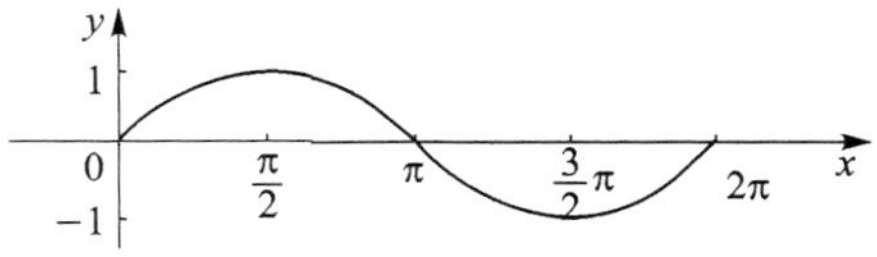


**图 5 - 6**

(2) $y=\sin x, x\in \mathbf{R}$ 图像.

易由 $y=\sin x$ 周期为 $2\pi$,得图像(见图 5 - 7).

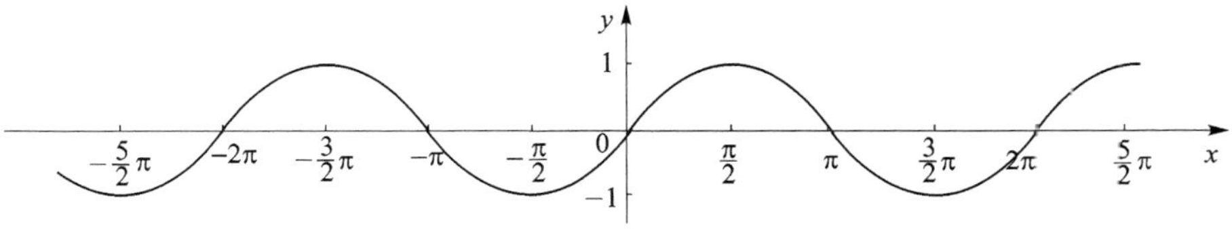


**图 5 - 7**

**3. 正弦函数的性质**

$y=\sin x, x\in \mathbf{R}$ 的性质为

(1) 有界性:$y=\sin x, x\in \mathbf{R}$ 的值域为$[-1,1]$,当 $x=2k\pi+\frac{\pi}{2}(k\in \mathbf{Z})$时,$y$ 取最大值 $y_{\max}=1$;当 $x=2k\pi-\frac{\pi}{2}(k\in \mathbf{Z})$时,$y$ 取最小值 $y_{\min}=-1$.

(2) 周期性:$y=\sin x, x\in \mathbf{R}$ 是以 $2\pi$ 为周期的周期函数.

(3) 奇偶性:$y=\sin x, x\in \mathbf{R}$ 是奇函数.

(4) 单调性:$y=\sin x, x\in \mathbf{R}$ 在区间 $\left[2k\pi-\frac{\pi}{2}, 2k\pi+\frac{\pi}{2}\right](k\in \mathbf{Z})$ 上是增函数;在

$\left[2k\pi+\frac{\pi}{2},2k\pi+\frac{3}{2}\pi\right]$($k\in\mathbf{Z}$)上是减函数.

## ★ 知识巩固

**例 1** 利用"五点法"作 $y=\sin x-1,x\in[0,2\pi]$的图像.

**解** 列表(见表 5-3).

**表 5-3**

| $x$ | $0$ | $\frac{\pi}{2}$ | $\pi$ | $\frac{3}{2}\pi$ | $2\pi$ |
|---|---|---|---|---|---|
| $y=\sin x-1$ | $-1$ | $0$ | $-1$ | $-2$ | $-1$ |

利用"五点法"得图像(见图 5-8).

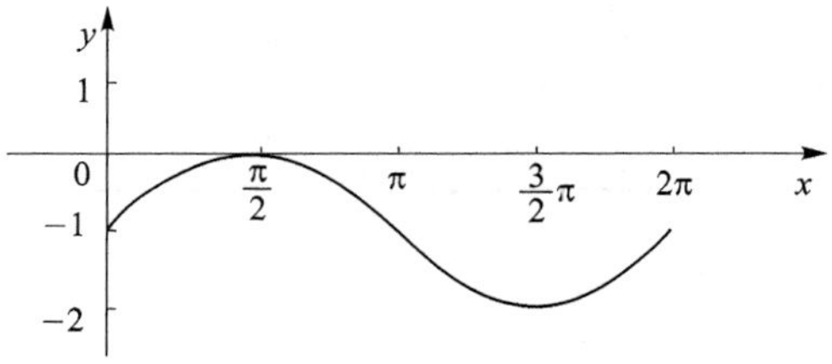


**图 5-8**

**例 2** 已知 $\sin x=\frac{a-2}{3}$,求实数 $a$ 的取值范围.

**解** 由 $|\sin x|\leqslant 1$,有 $\left|\frac{a-2}{3}\right|\leqslant 1$,即 $|a-2|\leqslant 3$,所以

$$-3\leqslant a-2\leqslant 3.$$

即

$$-1\leqslant a\leqslant 5.$$

故实数 $a$ 的取值范围是$[-1,5]$.

**例 3** 求使函数 $y=\sin 3x$ 取得最大值的 $x$ 的集合,并指出这个最大值.

**解** 由性质的有界性知,当 $3x=2k\pi+\frac{\pi}{2},k\in\mathbf{Z}$ 时,$y=\sin 3x$ 取最大值 1.

即当 $x=\frac{2}{3}k\pi+\frac{\pi}{6}k\in\mathbf{Z}$ 时,$y=\sin 3x$ 取最大值 1.

故所求集合为$\left\{x\,|\,x=\frac{2}{3}k\pi+\frac{\pi}{6},k\in\mathbf{Z}\right\}$,函数 $y=\sin 3x$ 的最大值为 1.

## 课堂练习 5.4.1

1. 利用"五点法"作 $y=2\sin x,x\in[0,2\pi]$的图像.
2. 已知 $\sin x=2a-3$,求实数 $a$ 的取值范围.
3. 求使函数 $y=\sin 2x$ 取得最小值的 $x$ 的集合,并指出这个最小值.

## 5.4.2　余弦函数的图像和性质

### ★ 新知识点

**1. 余弦函数的图像**

(1) $y=\cos, x\in[0,2\pi]$图像

列表(见表 5-4).

**表 5-4**

| $x$ | 0 | $\frac{\pi}{2}$ | $\pi$ | $\frac{3}{2}\pi$ | $2\pi$ |
|---|---|---|---|---|---|
| $y=\cos x-1$ | 1 | 0 | $-1$ | 0 | 1 |

利用“五点法”得图像(见图 5-9).

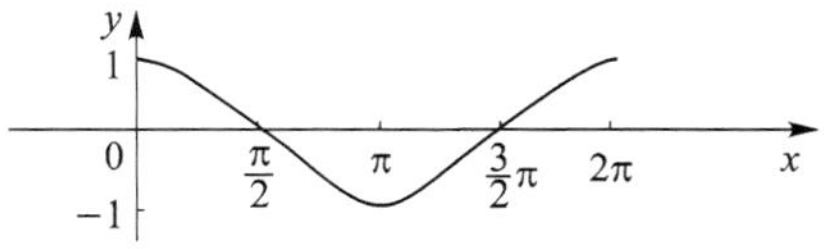


**图 5-9**

(2) $y=\cos x, x\in\mathbf{R}$ 图像

易由 $y=\cos x$ 周期为 $2\pi$,得到图像如图 5-10 所示.

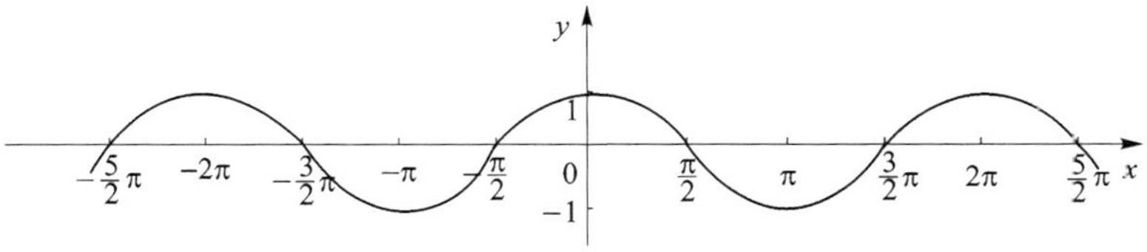


**图 5-10**

**2. 余弦函数的性质**

$y=\cos x, x\in\mathbf{R}$ 的性质为

(1) 有界性:$y=\cos x, x\in\mathbf{R}$ 的值域为$[-1,1]$,当 $x=2k\pi(k\in\mathbf{Z})$时,$y$ 取最大值 $y_{max}=1$;当 $x=(2k+1)\pi(k\in\mathbf{Z})$时,$y$ 取最小值 $y_{min}=-1$.

(2) 周期性:$y=\cos x, x\in\mathbf{R}$ 是以 $2\pi$ 为周期的周期函数.

(3) 奇偶性:$y=\cos x, x\in\mathbf{R}$ 是偶函数.

(4) 单调性:$y=\cos x, x\in\mathbf{R}$ 在区间$[(2k-1)\pi, 2k\pi](k\in\mathbf{Z})$上是增函数;在区间$[2k\pi,(2k+1)\pi](k\in\mathbf{Z})$上是减函数.

**提醒:**$y=\cos x, x\in\mathbf{R}$ 的图像是 $y=\sin x, x\in\mathbf{R}$ 的图像向左平移$\frac{\pi}{2}$个单位而得的;$y=\sin x, x\in\mathbf{R}$ 的图像是 $y=\cos x, x\in\mathbf{R}$ 的图像向右平移$\frac{\pi}{2}$个单位而得的.

## ★ 知识巩固

**例 4** 用"五点法"作 $y=-\cos x, x\in[0,2\pi]$的图像.

**解** 列表(见表 5-5).

**表 5-5**

| $x$ | 0 | $\frac{\pi}{2}$ | $\pi$ | $\frac{3}{2}\pi$ | $2\pi$ |
|---|---|---|---|---|---|
| $y=-\cos x$ | $-1$ | 0 | 1 | 0 | $-1$ |

利用"五点法"得图像(见图 5-11).

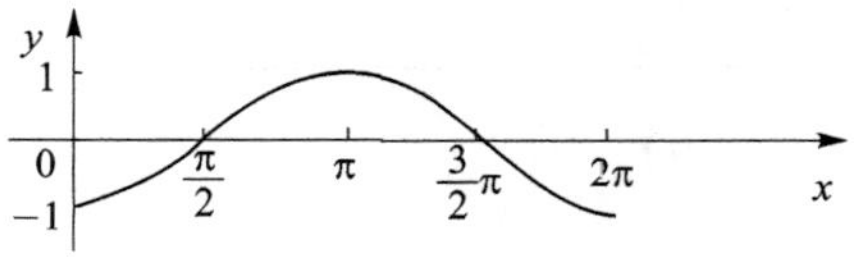


**图 5-11**

**例 5** 求使函数 $y=3\cos x$ 取得最大值的 $x$ 的集合,并指出最大值.

**解** 由性质的有界性知:为 $x=2k\pi(k\in\mathbf{Z})$时,$y$ 取最大值即 $y_{\max}=3\times1=3$.

**例 6** 求函数 $y=3-\frac{1}{\cos x}$的定义域.

**解** 要使函数 $y=3-\frac{1}{\cos x}$有意义,需 $\cos x\neq0$.

所以 $x\in\mathbf{R}$ 且 $x\neq k\pi+\frac{\pi}{2},k\in\mathbf{Z}$.

故定义域为$\left\{x\mid x\in\mathbf{R}\text{ 且 }x\neq k\pi+\frac{\pi}{2}\right\}$.

## 课堂练习 5.4.2

1. 用"五点法"作 $y=2-\cos x, x\in[0,2\pi]$的图像.
2. 已知 $\cos x=\frac{a-1}{2}$ ,求实数 $a$ 的取值范围.

## 5.4.3 正切函数的图像和性质

## ★ 新知识点

### 1. 正切函数的图像

(1) $y=\tan x, x\in\left(-\frac{\pi}{2},\frac{\pi}{2}\right)$的图像.

列表(见表 5-6).

**表 5-6**

| $x$ | … | $-\frac{\pi}{3}$ | $-\frac{\pi}{4}$ | 0 | $\frac{\pi}{4}$ | $\frac{\pi}{3}$ | … |
|---|---|---|---|---|---|---|---|
| $y=\tan x$ | … | $-\sqrt{3}$ | $-1$ | 0 | 1 | $\sqrt{3}$ | … |

描点、连线得图像(见图 5-12).

(2) $y=\tan x, x\in\left(k\pi-\frac{\pi}{2}, k\pi+\frac{\pi}{2}\right)$的图像.

易知 $y=\tan x$ 周期为 $\pi$,得图像(见图 5-13).

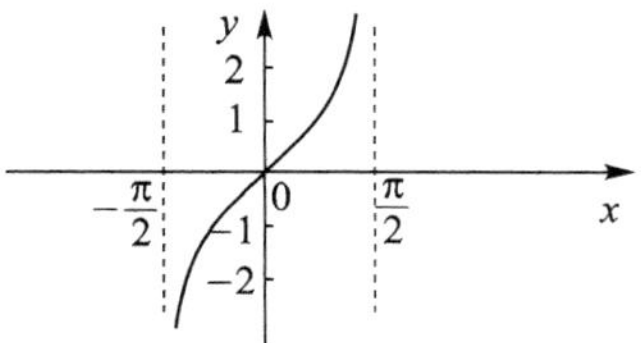


图 5-12

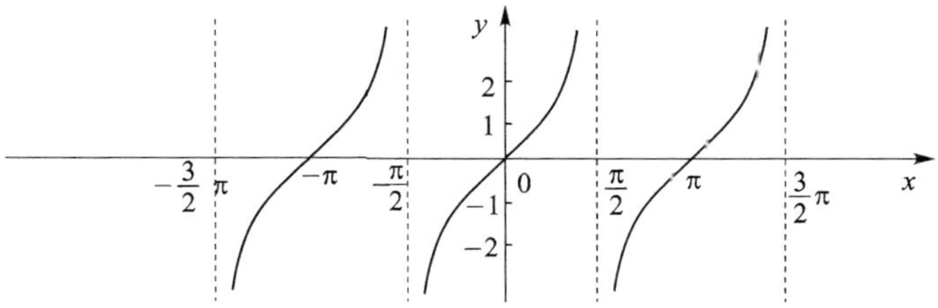


图 5-13

**2. 正切函数的性质**

$y=\tan x, x\in\left(k\pi-\frac{\pi}{2}, k\pi+\frac{\pi}{2}\right)$的性质为

(1) 有界性:$y=\tan x, x\in\left(k\pi-\frac{\pi}{2}, k\pi+\frac{\pi}{2}\right)$的值域为$(-\infty,+\infty)$或实数集 **R**,正切函数值既无最大值也无最小值.

(2) 周期性:$y=\tan x, x\in\left(k\pi-\frac{\pi}{2}, k\pi+\frac{\pi}{2}\right)$是以 $\pi$ 为周期的周期函数.

(3) 奇偶性:$y=\tan x, x\in\left(k\pi-\frac{\pi}{2}, k\pi+\frac{\pi}{2}\right)$是奇函数.

(4) 单调性:$y=\tan x, x\in\left(k\pi-\frac{\pi}{2}, k\pi+\frac{\pi}{2}\right)$在区间$\left(k\pi-\frac{\pi}{2}, k\pi+\frac{\pi}{2}\right)(k\in\mathbf{Z})$上是增函数.

## ★ 知识巩固

**例 7**　求 $y=\tan\left(2x-\frac{\pi}{6}\right)$的定义域.

**解**　要使函数 $y=\tan\left(2x-\frac{\pi}{6}\right)$有意义,需

$$k\pi-\frac{\pi}{2}<2x-\frac{\pi}{6}<\frac{\pi}{2}+k\pi,$$

即

$$k\pi-\left(-\frac{\pi}{3}\right)<2x<\frac{2}{3}\pi+k\pi.$$

于是

$$\frac{1}{2}k\pi-\frac{\pi}{6}<x<\frac{\pi}{3}+\frac{1}{2}k\pi.$$

故定义域为

$$\left(\frac{1}{2}k\pi-\frac{\pi}{6}, \frac{1}{2}k\pi+\frac{\pi}{3}\right)(k\in\mathbf{Z}).$$

## 课堂练习 5.4.3

求 $y=3-\tan\left(x-\frac{\pi}{4}\right)$的定义域.

## 习题 5.4

1. 用“五点法”作下列函数的图像.

(1) $y=1+\sin x$; (2) $y=2\cos x$.

2. 求函数 $y=\sqrt{\sin\left(2x+\frac{\pi}{4}\right)}$的定义域.

3. 已知函数 $y=a-b\sin x(b>0)$的最大值为 5,最小值是 1,求 $a$ 和 $b$ 的值.

4. 求函数 $y=3-2\sin\left(x+\frac{\pi}{6}\right)$的值域.

5. 求下列函数的单调增区间.

(1) $y=\sin\left(2x+\frac{\pi}{4}\right)$; (2) $y=\cos\left(2x-\frac{\pi}{4}\right)$; (3) $y=\tan 2x$.

# 5.5 已知三角函数值求角

## ★ 新知识点

### 1. 反三角函数的符号

(1) 反正弦函数值

定义:在闭区间$\left[-\frac{\pi}{2},\frac{\pi}{2}\right]$上,使条件 $\sin x=a(-1\leqslant a\leqslant 1)$成立的角 $x$ 称为实数 $a$ 的反正弦函数值,记为 $x=\arcsin a$.

求法:若 $\sin x=a(-1\leqslant x\leqslant 1)$,① 当 $x\in\left[-\frac{\pi}{2},\frac{\pi}{2}\right]$时,$x$ 的值有且只有一个,即 $x=\arcsin a$;② 当 $x\in\left[\frac{\pi}{2},\frac{3}{2}\pi\right]$时,$x$ 的值有且只有一个,即 $x=\pi-\arcsin a$.

(2) 反余弦函数值

定义:在闭区间$[0,\pi]$上,使条件 $\cos x=a(-1\leqslant a\leqslant 1)$成立的角 $x$ 称为实数 $a$ 的反余弦函数值,记为 $x=\arccos a$.

求法:若 $\cos x=a(-1\leqslant a\leqslant 1)$,①当 $x\in[0,\pi]$时,$x$ 的值有且只有一个是 $x=\arccos a$;②当 $x\in[-\pi,0]$时,$x$ 的值有且只有一个是 $x=-\arccos a$.

(3) 反正切函数值

定义:在开区间$\left(-\frac{\pi}{2},\frac{\pi}{2}\right)$上,使条件 $\tan x=a(a\in\mathbf{R})$成立的角 $x$ 称为实数 $a$ 的反正切函数值,记为 $x=\arctan a$.

求法：若 $\tan x=a(a\in\mathbf{R})$，①当 $x\in\left(-\frac{\pi}{2},\frac{\pi}{2}\right)$时，$x$ 的值有且只有一个是 $x=\arctan a$；②当 $x\in\mathbf{R}$ 时，$x$ 的值是 $x=k\pi+\arctan a(k\in\mathbf{Z})$.

**2. 已知三角函数值求角**

根据给定值的三角函数的相关性质，应用反三角函数的符号，来表示出已知三角函数值的角，这就是已知三角函数值求角的方法.

## ★ 知识巩固

**例 1**　填空

(1) 若 $\sin x=\frac{\sqrt{3}}{3}$ 且 $x\in\left[-\frac{\pi}{2},\frac{\pi}{2}\right]$，则 $x=$________.

(2) 若 $\cos x=-\frac{\sqrt{3}}{3}$ 且 $x\in[0,\pi]$，则 $x=$________.

(3) 若 $\tan x=-\frac{\sqrt{2}}{2}$ 且 $x\in\left(-\frac{\pi}{2},\frac{\pi}{2}\right)$，则 $x=$________.

**解**　(1) $x=\arcsin\frac{\sqrt{3}}{3}$.

(2) $x=\arccos\left(-\frac{\sqrt{3}}{3}\right)$.

(3) $x=\arctan\left(-\frac{\sqrt{2}}{2}\right)$.

**提醒**：反三角函数值也有简单的性质：(1) $\arcsin(-a)=-\arcsin a(-1\leqslant a\leqslant 1)$；(2) $\arccos(-a)=\pi-\arccos a(-1\leqslant a\leqslant 1)$；(3) $\arctan(-a)=-\arctan a$. 如上例中(2)也可填入 $\pi-\arccos\frac{\sqrt{3}}{3}$，(3)也可填入 $-\arctan\frac{\sqrt{2}}{2}$.

**例 2**　求下列各式的值.

(1) $\arcsin\frac{\sqrt{2}}{2}$；

(2) $\arcsin\left(-\frac{\sqrt{3}}{2}\right)$；

(3) $\sin\left(\arcsin\frac{2}{3}\right)$.

**解**　(1) 由 $\arcsin\frac{\sqrt{2}}{2}\in\left[-\frac{\pi}{2},\frac{\pi}{2}\right]$且 $\sin\left(\arcsin\frac{\sqrt{2}}{2}\right)=\frac{\sqrt{2}}{2}$，有

$$\arcsin\frac{\sqrt{2}}{2}=\frac{\pi}{4}.$$

(2) 由 $\arcsin\left(-\frac{\sqrt{3}}{2}\right)\in\left[-\frac{\pi}{2},\frac{\pi}{2}\right]$且 $\sin\left[\arcsin\left(-\frac{\sqrt{3}}{2}\right)\right]=-\frac{\sqrt{3}}{2}$，有

$$\arcsin\left(-\frac{\sqrt{3}}{2}\right)=-\frac{\pi}{3}.$$

(3) 因$\frac{2}{3}\in[-1,1]$,有

$$\arcsin\frac{2}{3}\in\left[-\frac{\pi}{2},\frac{\pi}{2}\right]$$

所以

$$\sin\left(\arcsin\frac{2}{3}\right)=\frac{2}{3}.$$

## 课堂练习 5.5

1. 求角 $x$.

(1) 若 $\sin x=-\frac{1}{4}$且 $x\in\left[-\frac{\pi}{2},\frac{\pi}{2}\right]$;

(2) 若 $\cos x=\frac{3}{5}$且 $x\in[0,\pi]$;

(3) 若 $\tan x=-2$ 且 $x\in\left(-\frac{\pi}{2},\frac{\pi}{2}\right)$.

2. 求 $\arcsin1+\arccos1+\arctan1$ 的值.

# 习题 5.5

1. 判断正误

(1) $\arcsin\frac{\pi}{2}=1$. (  )

(2) $\arcsin\left(-\frac{1}{2}\right)=-\frac{\pi}{6}$. (  )

(3) $\arcsin\left(\sin\frac{\pi}{3}\right)=\frac{\pi}{3}$. (  )

(4) $\sin\left(\arcsin\frac{1}{2}\right)=\frac{1}{2}$. (  )

2. 填空

(1) 若 $\sin x=-\frac{1}{3}$且 $x\in\left[-\frac{\pi}{2},\frac{\pi}{2}\right]$,则 $x$ ________.

(2) 若 $\sin x=-\frac{\sqrt{2}}{2}$且 $x\in\left[\frac{\pi}{2},\frac{3}{2}\pi\right]$,则 $x$ ________.

(3) 若 $\sin x=\frac{1}{3}$且 $x\in\left[\frac{\pi}{2},\frac{3}{2}\pi\right]$,则 $x$ ________.

(4) 若 $\sin x=-\frac{2}{3}$且 $x$ 是第四象限角,则 $x$ ________.

# 本章小结

**1. 知识结构**

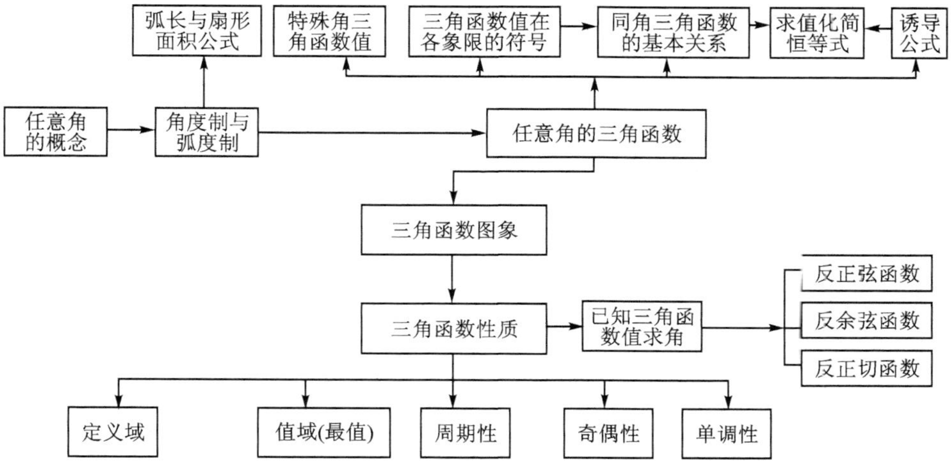


**2. 方法总结**

(1) 学习角的概念的推广须熟知：①正角、负角、零角；②终边相同的角；③象限角、终边落在坐标轴上的角，要善于利用平面直角坐标系形象地表示角.

(2) 学习弧度制须理解：①弧度的定义；②角度与弧度的换算与互化；③弧长公式、扇形面积、公式及其应用.

(3) 学习任意角三角函数须熟知并理解：①任意角的三角函数的定义；②定义域；③特殊角的三角函数值；④三角函数值在各象限的符号；⑤同角三角函数的基本关系式. 应用时须根据题型，联合运用上述知识点，解决实际问题.

(4) 学习三角函数的图像和性质要深刻理解：①图像画法几何法、描点法、变换法；②定义域；③值域与最值；④周期性；⑤奇偶性；⑥单调性. 进而数形结合地解决一些三角实际问题.

(5) 理解诱导公式和反三角函数符号，并求解三角函数值的多求和已知三角函数值，求角.

# 复习题 5

1. 选择题

(1) 在 $0°\leqslant x<360°$ 中，与 $-510°$ 角终边相同的角为(　　).

A. $150°$　　B. $210°$　　C. $30°$　　D. $330°$

(2) 若 $\alpha$ 是第一象限角，则 $180°+\alpha$ 的终边所在的象限是(　　).

A. 第一象限　　B. 第二象限　　C. 第三象限　　D. 第四象限

(3) 一条弦的长等于半径，则这条弦所对应的圆周角的弧度数为(　　).

A. 1　　B. $\frac{1}{2}$　　C. $\frac{\pi}{6}$　　D. $\frac{\pi}{3}$

(4) 若角 $\alpha$ 的终边过点 $P(-4,3)$,则 $3\sin\alpha+\cos\alpha=$(　　).

A. 1　　B. $\frac{2}{5}$　　C. $-\frac{2}{5}$　　D. $-1$

(5) 若 $\cos\alpha=-\frac{4}{5}$ 且 $\alpha$ 在第二象限,则 $\sin\alpha=$(　　).

A. $\frac{3}{5}$　　B. $-\frac{3}{5}$　　C. $-\frac{4}{5}$　　D. $\frac{4}{5}$

(6) 若 $\sin^2\alpha+\sin\alpha=1$,则 $\cos^4\alpha+\cos^2\alpha=$(　　).

A. 0　　B. 1　　C. 2　　D. 3

(7) 若 $\cos(\pi+\alpha)=-\frac{1}{2}$,则 $\cos(3\pi+\alpha)=$(　　).

A. $\frac{1}{2}$　　B. $\pm\frac{\sqrt{3}}{2}$　　C. $-\frac{1}{2}$　　D. $\frac{\sqrt{3}}{2}$

(8) $y=\sin x, x\in\left[\frac{\pi}{6},\frac{2}{3}\pi\right]$ 的值域是(　　).

A. $[-1,1]$　　B. $\left[\frac{1}{2},1\right]$　　C. $\left[\frac{1}{2},\frac{\sqrt{3}}{2}\right]$　　D. $\left[\frac{\sqrt{3}}{2},1\right]$

(9) 在区间 $[-\pi,\pi]$ 上,适合 $\sin x=\frac{1}{2}$ 的角 $x$ 的集合是(　　).

A. $\left\{-\frac{\pi}{6},\frac{\pi}{6}\right\}$　　B. $\left\{-\frac{\pi}{6},\frac{5}{6}\pi\right\}$　　C. $\left\{\frac{5}{6}\pi,\frac{\pi}{6}\right\}$　　D. $\left\{-\frac{2}{3}\pi,\frac{\pi}{3}\right\}$

(10) 下列各式中正确的个数是(　　).

① $\arcsin\left(-\frac{1}{2}\right)=-\arcsin\frac{1}{2}$;　　② $\arcsin 0=0$;

③ $\arcsin 1=\frac{\pi}{2}$;　　④ $\arcsin(-1)=-\frac{\pi}{2}$.

A. 1　　B. 2　　C. 3　　D. 4

2. 填空题

(1) $y=\sin 2x$ 的单调递减区间是________.

(2) 若 $\frac{4\sin\alpha-2\cos\alpha}{5\cos\alpha+3\sin\alpha}=10$,则 $\tan\alpha=$________.

(3) 若 $\sin\alpha+\cos\alpha=\frac{1}{2}$,则 $\sin\alpha\cdot\cos\alpha=$________.

(4) 设 $f(x)=a\sin(\pi x+\alpha)+b\cos(\pi x+\beta)+4$($a,b,\alpha,\beta$ 均为常数),且 $f(2016)=5$,则 $f(2017)=$________.

(5) 若 $x\in\left(-\frac{\pi}{2},\frac{\pi}{2}\right)$,$A=\left\{\frac{1}{5},\pi\right\}$,$B=\{0,\sin x\}$,且 $A\cap B\neq\varnothing$,则 $x=$________.

3. 解答题

(1) 求函数 $y=\sqrt{\sin x}$ 的定义域.

(2) 若 $\sin\theta+\cos\theta=\frac{1}{5}$ 且 $\theta\in(0,\pi)$,求 $\tan\theta$ 的值.

(3) 若角 $\alpha$ 的终边上有一点 $P(-\sqrt{3},m)$,且 $\sin\alpha=\frac{\sqrt{2}}{4}m$,求 $\cos\alpha$ 和 $\tan\alpha$ 的值.

(4) 判定函数 $f(x)=\lg(\sin x+\sqrt{1+\sin^2 x})$的奇偶性.

(5) 若函数 $y=a+b\sin x(b<0)$的最大值为$\frac{3}{2}$,最小值为$-\frac{1}{2}$,写出函数的解析式.

# 趣味阅读

## 三角函数小史

三角学是以三角形的边角关系为基础,研究几何图形中的数量关系及在测量方面应用的数学分支."三角学"一词的英文 trigonometry 就是由希腊词中的三角形与测量合并而成的."三角学"主要研究三角函数的性质及应用.

1463 年,法国数学家缪勒在《论三角》中系统地总结了前人对三角的研究成果. 17 世纪中叶,"三角学"由瑞士学者邓玉函(1576—1630)传入中国,在其著作《大测》二卷中主要论述了三角函数的性质及三角函数表的制作和用法.

著名数学家欧拉(1707—1783)生于瑞士的巴塞尔,1720 年进入巴塞尔大学学习,后获硕士学位. 1727 年起,他先后到德国、俄国工作. 1735 年欧拉右眼失明,1748 年欧拉出版了划时代的著作《无穷小分析引论》,1766 年欧拉再次返回俄国,不久又转成双目失明,之后他以惊人的毅力,在圣彼得堡用口述别人记录的方式工作了近 17 年,直到 1783 年去逝. 1909 年瑞士自然科学学会开始出版欧拉全集,至今已出版七十余卷.

欧拉在《无穷小分析引论》中,提出了三角函数是对应的三角函数线与圆的半径的比值,并令圆的半径为 1(即单位圆),这使得对三角函数的研究大为简化;同时他提出弧度制的思想,他认为,如果把半径作为 1 单位长度,那么半圆的长度就是 $\pi$,所对圆心角的正弦为 0,即为 $\sin\pi=0$. 同理圆的$\frac{1}{4}$的长为$\frac{\pi}{2}$,所对圆心角的正弦为 1,即为 $\sin\frac{\pi}{2}=1$. 这一思想将线段和弧的度量单位统一起来,大大简化了某些三角公式及其三角计算,其后欧拉又给出了三角函数的现代理论,并将三角函数概念由实数范围扩展到复数范围,对数学的发展作出了重要贡献,成为三角函数史中的一座丰碑.

# 第 6 章　三角恒等变形

三角恒等变形是数学中一种重要的变换模式，在今后的数学学习和其他一些学科中都有广泛的应用，因此务必熟练掌握.

本章将重点学习和角公式、差角公式、二倍角公式等三角函数主要公式，以及这些公式在三角函数式中的计算、化简与推导. 学习时要熟记公式，并能正确运用.

## 6.1　两角和与差的正弦、余弦、正切

### ★ 新知识点

**1. 两点间的距离**

在坐标平面内任意两点 $P_1(x_1, y_1)$，$P(x_2, y_2)$（见图 6-1），从点 $P_1$，$P_2$ 分别作 $x$ 轴垂线 $P_1M_1$，$P_2M_2$，与 $x$ 轴交点为 $M_1(x_1, 0)$，$M_2(x_2, 0)$，再从点 $P_1$，$P_2$ 分别作 $y$ 轴垂线 $P_1N_1$，$P_2N_2$，与 $y$ 轴交点为 $N_1(0, y_1)$，$N_2(0, y_2)$，直线 $P_1N_1$ 与 $P_2M_2$ 交于 $Q$ 点，有

$$P_1Q = M_1M_2 = |x_2 - x_1|, QP_2 = N_1N_2 = |y_2 - y_1|.$$

于是由勾股定理有

$$P_1P_2^2 = P_1Q^2 + QP_2^2 = |x_2 - x_1|^2 + |y_2 - y_1|^2 = (x_2 - x_1)^2 + (y_2 - y_1)^2.$$

由此得到平面内 $P_1(x_1, y_1)$，$P_2(x_2, y_2)$ 两点间的距离公式

$$P_1P_2 = \sqrt{(x_2 - x_1)^2 + (y_2 - y_1)^2}.$$

**2. 两角和与差的余弦**

如图 6-2 所示，在直角坐标系 $xOy$ 内作半径为 1 个单位的圆，即单位圆 $O$，并作角 $\alpha$，$\beta$ 与 $-\beta$，使角 $\alpha$ 的始边为 $x$ 轴正半轴，交单位圆 $O$ 于点 $P_1$，终边交单位圆 $O$ 于点 $P_2$，角 $\beta$ 始边为 $OP_2$，终边交单位圆 $O$ 于点 $P_3$；角 $-\beta$ 始边为 $OP_1$，终边交单位圆于点 $P_4$. 由三角函数定义知点 $P_1$，$P_2$，$P_3$，$P_4$ 坐标分别为 $P_1(1, 0)$，$P_2(\cos\alpha, \sin\alpha)$，$P_3(\cos(\alpha+\beta), \sin(\alpha+\beta))$，$P_4(\cos(-\beta), \sin(-\beta))$.

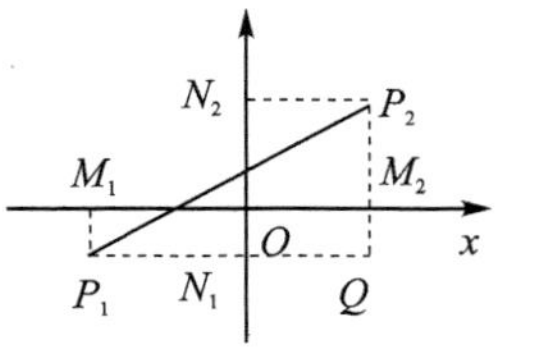


**图 6-1**

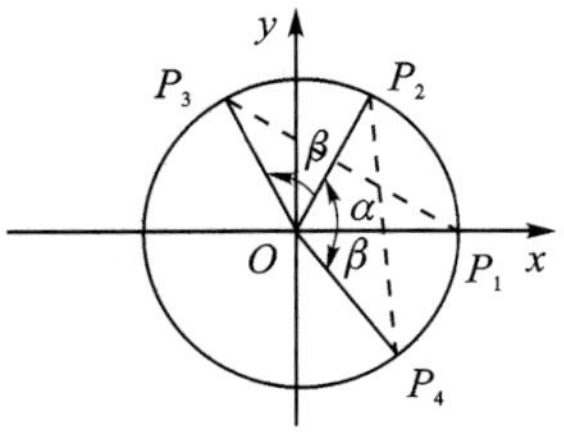


**图 6-2**

由 $P_1P_3 = P_2P_4$ 及两点间距离公式得

$$[\cos(\alpha+\beta) - 1]^2 + \sin^2(\alpha+\beta) = [\cos(-\beta) - \cos\alpha]^2 + [\sin(-\beta) - \sin\alpha]^2.$$

整理得　　　　　$$2-2\cos(\alpha+\beta)=2-2(\cos\alpha\cos\beta-\sin\alpha\sin\beta).$$

所以得和角的余弦公式

$$\cos(\alpha+\beta)=\cos\alpha\cdot\cos\beta-\sin\alpha\cdot\sin\beta. \qquad (C_{\alpha+\beta})$$

在公式 $C_{\alpha+\beta}$ 中用 $-\beta$ 代替 $\beta$，得

$$\cos(\alpha-\beta)=\cos\alpha\cdot\cos(-\beta)-\sin\alpha\cdot\sin(-\beta),$$

所以得差角的余弦公式

$$\cos(\alpha-\beta)=\cos\alpha\cdot\cos\beta+\sin\alpha\cdot\sin\beta. \qquad (C_{\alpha-\beta})$$

**提醒**：运用式 $C_{\alpha-\beta}$，又可得

$$\cos\left(\frac{\pi}{2}-\alpha\right)=\cos\frac{\pi}{2}\cos\alpha+\sin\frac{\pi}{2}\sin\alpha=\sin\alpha,$$

所以得诱导公式为

$$\sin\left(\frac{\pi}{2}-\alpha\right)=\cos\alpha,\cos\left(\frac{\pi}{2}-\alpha\right)=\sin\alpha.$$

**3. 两角和与差的正弦**

运用 $C_{\alpha+\beta}$ 和上述诱导公式可得

$$\begin{aligned}\sin(\alpha+\beta)&=\cos\left[\frac{\pi}{2}-(\alpha+\beta)\right]\\&=\cos\left[\left(\frac{\pi}{2}-\alpha\right)-\beta\right]\\&=\cos\left(\frac{\pi}{2}-\alpha\right)\cdot\cos\beta+\sin\left(\frac{\pi}{2}-\alpha\right)\cdot\sin\beta\\&=\sin\alpha\cdot\cos\beta+\cos\alpha\cdot\sin\beta,\end{aligned}$$

所以得和角的正弦公式

$$\sin(\alpha+\beta)=\sin\alpha\cos\beta+\cos\alpha\sin\beta. \qquad (S_{\alpha+\beta})$$

在公式 $S_{\alpha+\beta}$ 中用 $-\beta$ 代替 $\beta$，得

$$\sin(\alpha-\beta)=\sin\alpha\cos(-\beta)+\cos\alpha\sin(-\beta),$$

所以得差角的正弦公式

$$\sin(\alpha-\beta)=\sin\alpha\cos\beta-\cos\alpha\sin\beta. \qquad (S_{\alpha-\beta})$$

**4. 两角和与差的正切**

当 $\cos(\alpha+\beta)\neq0$ 时，将公式 $S_{\alpha+\beta}$，$C_{\alpha+\beta}$ 两边分别相除，即

$$\tan(\alpha+\beta)=\frac{\sin\alpha\cos\beta+\cos\alpha\sin\beta}{\cos\alpha\cdot\cos\beta-\sin\alpha\cdot\sin\beta}.$$

如果 $\cos\alpha\cdot\cos\beta\neq0$，上式右边分子，分母同除 $\cos\alpha\cdot\cos\beta$，从而得和角的正切分式

$$\tan(\alpha+\beta)=\frac{\tan\alpha+\cos\beta}{1-\tan\alpha\cdot\tan\beta}. \qquad (T_{\alpha+\beta})$$

由于　　　　　$$\tan(-\beta)=\frac{\sin(-\beta)}{\cos(-\beta)}=\frac{-\sin\beta}{\cos\beta}=-\tan\beta,$$

在公式 $T_{\alpha+\beta}$ 中用 $-\beta$ 代替 $\beta$，得

$$\tan(\alpha-\beta)=\frac{\tan\alpha+\cos(-\beta)}{1-\tan\alpha\cdot\tan(-\beta)}$$

所以得差角的正切公式

$$\tan(\alpha-\beta)=\frac{\tan\alpha-\cos\beta}{1+\tan\alpha\cdot\tan\beta} \qquad (T_{\alpha-\beta})$$

为方便起见，$S_{\alpha+\beta}$，$C_{\alpha+\beta}$，$T_{\alpha+\beta}$三个公式称为和角公式；$S_{\alpha-\beta}$，$C_{\alpha-\beta}$，$T_{\alpha-\beta}$三个公式称为差角公式.

## ★ 知识巩固

**例 1** 利用和(差)角公式求 75°和 15°的正弦、余弦、正切值.

**解** 由和角公式有

$$\sin75^\circ=\sin(45^\circ+30^\circ)=\sin45^\circ\cdot\cos30^\circ+\cos45^\circ\cdot\sin30^\circ$$
$$=\frac{\sqrt{2}}{2}\times\frac{\sqrt{3}}{2}+\frac{\sqrt{2}}{2}\times\frac{1}{2}=\frac{\sqrt{6}+\sqrt{2}}{4}.$$
$$\cos75^\circ=\cos(45^\circ+30^\circ)=\cos45^\circ\cdot\cos30^\circ+\sin45^\circ\cdot\sin30^\circ$$
$$=\frac{\sqrt{2}}{2}\times\frac{\sqrt{3}}{2}-\frac{\sqrt{2}}{2}\times\frac{1}{2}=\frac{\sqrt{6}-\sqrt{2}}{4}.$$
$$\tan75^\circ=\frac{\sin75^\circ}{\cos75^\circ}=\frac{\sqrt{6}+\sqrt{2}}{\sqrt{6}-\sqrt{2}}=2+\sqrt{3}.$$

由差角公式有

$$\sin15^\circ=\sin(45^\circ-30^\circ)=\sin45^\circ\cdot\cos30^\circ-\cos45^\circ\cdot\sin30^\circ$$
$$=\frac{\sqrt{2}}{2}\times\frac{\sqrt{3}}{2}-\frac{\sqrt{2}}{2}\times\frac{1}{2}=\frac{\sqrt{6}-\sqrt{2}}{4}.$$
$$\cos15^\circ=\cos(45^\circ-30^\circ)=\cos45^\circ\cdot\cos30^\circ+\sin45^\circ\cdot\sin30^\circ$$
$$=\frac{\sqrt{2}}{2}\times\frac{\sqrt{3}}{2}+\frac{\sqrt{2}}{2}\times\frac{1}{2}=\frac{\sqrt{6}+\sqrt{2}}{4}.$$
$$\tan15^\circ=\frac{\sin15^\circ}{\cos15^\circ}=\frac{\sqrt{6}-\sqrt{2}}{\sqrt{6}+\sqrt{2}}=2-\sqrt{3}.$$

**例 2** 求$\frac{1+\tan15^\circ}{1-\tan15^\circ}$的值.

**解** 由于 $\tan45^\circ=1$，所以

$$原式=\frac{\tan45^\circ+\tan15^\circ}{1-\tan45^\circ\cdot\tan15^\circ}=\tan(45^\circ+15^\circ)=\tan60^\circ=\sqrt{3}.$$

**例 3** 求证 $\cos\alpha+\sqrt{3}\sin\alpha=2\sin\left(\frac{\pi}{6}+\alpha\right)$.

证明：左边$=2\left(\frac{1}{2}\cos\alpha+\frac{\sqrt{3}}{2}\sin\alpha\right)=2\left(\sin\frac{\pi}{6}\cos\alpha+\cos\frac{\pi}{6}\sin\alpha\right)=2\sin\left(\frac{\pi}{6}+\alpha\right)=$右边，所以原式成立.

**例 4** 已知一元二次方程 $ax^2+bx+c=0$ ($a\neq0$ 且 $a\neq c$) 的两个根为 $\tan\alpha$，$\tan\beta$，求 $\tan(\alpha+\beta)$的值.

**解** 由 $a\neq0$ 和一元二次方程根与系数的关系，有

$$\tan\alpha+\tan\beta=-\frac{b}{a},\tan\alpha\cdot\tan\beta=\frac{c}{a}.$$

又 $a\neq c$，则

$$\tan(\alpha+\beta)=\frac{\tan\alpha+\tan\beta}{1-\tan\alpha\cdot\tan\beta}=\frac{1-\frac{b}{a}}{1-\frac{c}{a}}=-\frac{b}{a-c}=\frac{b}{c-a}.$$

## 课堂练习 6.1

1. 利用和(差)角公式求下列三角函数值.

(1) $\sin105°$；　　(2) $\cos105°$；　　(3) $\tan105°$.

2. 利用和(差)角公式求下列各式的值.

(1) $\sin13°\cos17°+\cos13°\sin17°$.

(2) $\cos80°\cdot\cos20°+\sin80°\cdot\sin20°$.

(3) $\dfrac{\tan33°+\tan12°}{1-\tan33°\ \tan12°}$.

3. 若 $\cos\theta=-\dfrac{3}{5}$，$\theta\in\left(\dfrac{\pi}{2},\pi\right)$，求 $\sin\left(\theta+\dfrac{\pi}{3}\right)$的值.

4. 求证：(1) $\dfrac{1}{2}(\cos\alpha+\sqrt{3}\sin\alpha)=\cos(60°-\alpha)$；

(2) $\tan20°+\tan40°+\sqrt{3}\tan20°\cdot\tan40°=\sqrt{3}$.

# 习题 6.1

1. 求下列各式的值.

(1) $\sin58°\cdot\cos13°-\cos58°\cdot\sin13°$；

(2) $\cos24°\cdot\cos6°-\sin24°\cdot\sin6°$；

(3) $\dfrac{\tan53°+\tan7°}{1-\tan53°\cdot\tan7°}$；

(4) $\sin(\alpha-\beta)\cdot\cos\beta+\cos(\alpha-\beta)\cdot\sin\beta$；

(5) $\cos(\alpha+\beta)\cdot\cos\beta+\sin(\alpha+\beta)\cdot\sin\beta$；

(6) $\dfrac{\tan2\theta-\tan\theta}{1+\tan2\theta\cdot\tan\theta}$.

2. 若 $\cos\theta=\dfrac{4}{5}$，$\theta\in\left(0,\dfrac{\pi}{2}\right)$，求 $\sin\left(\theta-\dfrac{\pi}{6}\right)$，$\cos\left(\theta-\dfrac{\pi}{6}\right)$以及 $\tan\left(\theta-\dfrac{\pi}{6}\right)$.

3. 求证：(1) $\dfrac{\sqrt{3}}{2}\sin\alpha-\dfrac{1}{2}\cos\alpha=\sin\left(\alpha-\dfrac{\pi}{6}\right)$；

(2) $\cos\theta-\sin\theta=\sqrt{2}\cos\left(\dfrac{\pi}{4}+\theta\right)$.

4. 化简：(1) $\dfrac{1}{2}\cos x-\dfrac{\sqrt{3}}{2}\sin x$；(2) $3\sqrt{15}\sin x+3\sqrt{5}\cos x$；(3) $\sqrt{2}\sin x-\sqrt{2}\cos x$.

5. 若 $\tan\alpha=\dfrac{1}{2}$，$\tan\beta=\dfrac{1}{3}$，且 $\alpha$，$\beta$ 均为锐角，求证：$\alpha+\beta=\dfrac{\pi}{4}$.

6. 若 $\tan\alpha$，$\tan\beta$ 是方程 $x^2+6x+7=0$ 的两个根，求证：$\sin(\alpha+\beta)=\cos(\alpha+\beta)$.

7. 若 $\sin\alpha-\sin\beta=-\frac{1}{3}$,$\cos\alpha-\cos\beta=\frac{1}{2}$,求 $\cos(\alpha-\beta)$的值.

## 6.2 二倍角的正弦、余弦、正切

### ★ 新知识点

**1. 二倍角公式**

在和角公式 $S_{\alpha+\beta}$,$C_{\alpha+\beta}$,$T_{\alpha+\beta}$中用$\alpha$ 代替$\beta$,可得二倍角公式

$$\sin2\alpha = 2\sin\alpha \cdot \cos\alpha, \quad (S_{2\alpha})$$

$$\cos2\alpha = \cos^2\alpha - \sin^2\alpha, \quad (C_{2\alpha})$$

$$\tan2\alpha = \frac{2\tan\alpha}{1-\tan^2\alpha}. \quad (T_{2\alpha})$$

应用平方关系 $\sin^2\alpha+\cos^2\alpha=1$,公式 $C_{2\alpha}$还可变形为

$$\cos2\alpha = 2\cos^2\alpha - 1 = 1 - 2\sin^2\alpha. \quad (C_{2\alpha})'$$

**2. 二倍角公式变形式**

在二倍角公式 $C'_{2\alpha}$中用$\frac{\alpha}{2}$代替 $\alpha$,可得

$$\cos\alpha = 2\cos^2\frac{\alpha}{2} - 1 = 1 - 2\sin^2\frac{\alpha}{2}.$$

即

$$\sin^2\frac{\alpha}{2}=\frac{1-\cos\alpha}{2},$$

$$\cos^2\frac{\alpha}{2}=\frac{1+\cos\alpha}{2},$$

$$\tan^2\frac{\alpha}{2}=\frac{1-\cos\alpha}{1+\cos\alpha}.$$

**3. 半角公式**

由二倍角公式变形式可得半角公式

$$\sin\frac{\alpha}{2}=\pm\sqrt{\frac{1-\cos\alpha}{2}}, \quad (S_{\frac{\alpha}{2}})$$

$$\cos\frac{\alpha}{2}=\pm\sqrt{\frac{1+\cos\alpha}{2}}, \quad (C_{\frac{\alpha}{2}})$$

$$\tan\frac{\alpha}{2}=\pm\sqrt{\frac{1-\cos\alpha}{1+\cos\alpha}}. \quad (T_{\frac{\alpha}{2}})$$

应用二倍角公式变形式 $2\sin^2\frac{\alpha}{2}=1-\cos\alpha$,$2\cos^2\frac{\alpha}{2}=1+\cos\alpha$,$2\sin\frac{\alpha}{2}\cdot\cos\frac{\alpha}{2}=\sin\alpha$,公式 $T_{\frac{\alpha}{2}}$还可变形为

$$\tan\frac{\alpha}{2}=\frac{\sin\frac{\alpha}{2}}{\cos\frac{\alpha}{2}}=\frac{2\sin\frac{\alpha}{2}\cdot\cos\frac{\alpha}{2}}{2\cos^2\frac{\alpha}{2}}=\frac{\sin\alpha}{1+\cos\alpha},$$

$$\tan\frac{\alpha}{2}=\frac{\sin\frac{\alpha}{2}}{\cos\frac{\alpha}{2}}=\frac{2\sin\frac{\alpha}{2}}{2\sin^2\frac{\alpha}{2}\cdot\cos\frac{\alpha}{2}}=\frac{1-\cos\alpha}{\sin\alpha}.$$

即

$$\tan\frac{\alpha}{2}=\frac{\sin\alpha}{1+\cos\alpha}.=\frac{1-\cos\alpha}{\sin\alpha}. \qquad (T_{\frac{\pi}{2}})'$$

## ★ 知识巩固

**例 1**　若 $\sin\alpha=\frac{3}{5}$，$\alpha\in\left(\frac{\pi}{2},\pi\right)$，求 $\sin2\alpha$，$\cos2\alpha$，$\tan2\alpha$.

**解**　由 $\sin\alpha=\frac{3}{5}$，$\alpha\in\left(\frac{\pi}{2},\pi\right)$，有

$$\cos\alpha=-\sqrt{1-\sin^2\alpha}=-\sqrt{1-\left(-\frac{3}{5}\right)^2}=-\frac{4}{5},$$

于是

$$\sin2\alpha=2\sin\alpha\cdot\cos\alpha=2\times\frac{3}{5}\times\left(-\frac{4}{5}\right)=-\frac{24}{25},$$

$$\cos2\alpha=1-2\sin^2\alpha=1-2\times\left(\frac{3}{5}\right)^2=\frac{7}{25},$$

$$\tan2\alpha=\frac{\sin2\alpha}{\cos2\alpha}=-\frac{24}{25}\times\frac{25}{7}=-\frac{24}{7}.$$

**例 2**　若 $\tan\alpha=\frac{1}{2}$，求 $\tan2\alpha$ 的值.

**解**　由倍角公式有

$$\tan2\alpha=\frac{2\tan\alpha}{1-\tan^2\alpha}=\frac{2\times\frac{1}{2}}{1-\left(\frac{1}{2}\right)^2}=\frac{1}{1-\frac{1}{4}}=\frac{4}{3}.$$

**例 3**　求 $\sin10°\cdot\sin50°\cdot\sin70°$的值.

**解**　由诱导公式 $\sin(90°-\alpha)=\cos\alpha$ 和 $\sin(180°-\alpha)=\sin\alpha$，有

$$
\begin{aligned}
\text{原式}&=\cos20°\cdot\cos40°\cdot\cos80°\\
&=\frac{8\sin20°\cdot\cos20°\cdot\cos40°\cdot\cos80°}{8\sin20°}\\
&=\frac{4\sin40°\cdot\cos40°\cdot\cos80°}{8\sin20°}\\
&=\frac{2\sin80°\cdot\cos80°}{8\sin20°}\\
&=\frac{\sin160°}{8\sin20°}=\frac{\sin(180°-20°)}{8\sin20°}\\
&=\frac{\sin20°}{8\sin20°}=\frac{1}{8}.
\end{aligned}
$$

**例 4**　求 $\sin\frac{\pi}{8}$，$\cos\frac{\pi}{8}$，$\tan\frac{\pi}{8}$的值.

**解**　由 $0<\frac{\pi}{8}<\frac{\pi}{2}$有 $\sin\frac{\pi}{8}>0$，$\cos\frac{\pi}{8}>0$，有

$$\sin\frac{\pi}{8}=\sqrt{\frac{1-\cos\frac{\pi}{4}}{2}}=\sqrt{\frac{1-\frac{\sqrt{2}}{2}}{2}}=\sqrt{\frac{2-\sqrt{2}}{4}}=\frac{\sqrt{2-\sqrt{2}}}{2},$$

$$\cos\frac{\pi}{8}=\sqrt{\frac{1+\cos\frac{\pi}{4}}{2}}=\sqrt{\frac{1+\frac{\sqrt{2}}{2}}{2}}=\sqrt{\frac{2+\sqrt{2}}{4}}=\frac{\sqrt{2+\sqrt{2}}}{2},$$

$$\tan\frac{\pi}{8}=\frac{1-\cos\frac{\pi}{4}}{\sin\frac{\pi}{4}}=\frac{1-\frac{\sqrt{2}}{2}}{\frac{\sqrt{2}}{2}}=\sqrt{2}-1.$$

**例 5** 求证：

(1) $\sin\alpha\cdot\cos\beta=\frac{1}{2}[\sin(\alpha+\beta)+\sin(\alpha-\beta)]$；

(2) $\sin\theta+\sin\varphi=2\sin\frac{\theta+\varphi}{2}\cdot\cos\frac{\theta-\varphi}{2}$.

证明(1) 将公式 $S_{\alpha+\beta}$、公式 $S_{\alpha-\beta}$ 两边分别相加有

$$\sin(\alpha+\beta)+\sin(\alpha-\beta)=2\sin\alpha\cdot\cos\beta,$$

所以 $\sin\alpha\cdot\cos\beta=\frac{1}{2}[\sin(\alpha+\beta)+\sin(\alpha-\beta)]$.

(2)在题(1)中，令 $\alpha+\beta=\theta,\alpha-\beta=\varphi$，有

$$\alpha=\frac{\theta+\varphi}{2},\quad \beta=\frac{\theta-\varphi}{2},$$

从而有
$$\sin\frac{\theta+\varphi}{2}\cdot\cos\frac{\theta-\varphi}{2}=\frac{1}{2}(\sin\theta+\sin\varphi),$$

所以
$$\sin\theta+\sin\varphi=2\sin\frac{\theta+\varphi}{2}\cdot\cos\frac{\theta-\varphi}{2}.$$

**提醒**：例 5 中(1)，(2)可类推出下列公式.

(1) 积化和差公式：① $\sin\alpha\cdot\cos\beta=\frac{1}{2}[\sin(\alpha+\beta)+\sin(\alpha-\beta)]$；

② $\cos\alpha\cdot\sin\beta=\frac{1}{2}[\sin(\alpha+\beta)-\sin(\alpha-\beta)]$；

③ $\cos\alpha\cdot\cos\beta=\frac{1}{2}[\cos(\alpha+\beta)+\cos(\alpha-\beta)]$；

④ $\sin\alpha\cdot\sin\beta=-\frac{1}{2}[\cos(\alpha+\beta)-\cos(\alpha-\beta)]$.

(2) 和差化积公式：① $\sin\theta+\sin\phi=2\sin\frac{\theta+\varphi}{2}\cdot\cos\frac{\theta-\varphi}{2}$；

② $\sin\theta-\sin\varphi=2\cos\frac{\theta+\varphi}{2}\cdot\sin\frac{\theta-\varphi}{2}$；

③ $\cos\theta+\cos\varphi=2\cos\frac{\theta+\varphi}{2}\cdot\cos\frac{\theta-\varphi}{2}$；

④ $\cos\theta-\cos\varphi=-2\sin\frac{\theta+\varphi}{2}\cdot\sin\frac{\theta-\varphi}{2}$.

## 课堂练习 6.2

1. 已知等腰三角形一个底角的余弦值为$\frac{3}{5}$，求这个三角形顶角的正弦、余弦、正切值.

2. 求下列各式的值.

(1) $2\cos^2\frac{\pi}{12}-1$；　　　　(2) $\sin15°\cos15°$；

(3) $\frac{2\tan75°}{1-\tan^2 75°}$；　　　　(4) $\cos^2\frac{\pi}{8}-\sin^2\frac{\pi}{8}$.

3. 化简

(1) $(\sin\alpha-\cos\alpha)^2$；　　　　(2) $\frac{1}{1-\tan\theta}-\frac{1}{1+\tan\theta}$.

## 习题 6.2

1. 若 $\cos\alpha=-\frac{\sqrt{3}}{3}$，且 $\pi<\alpha<\frac{3}{2}\pi$，求 $\sin2\alpha$，$\cos2\alpha$，$\tan2\alpha$ 的值.

2. 求证：(1) $\left(\sin\frac{\alpha}{2}-\cos\frac{\alpha}{2}\right)^2=1-\sin\alpha$；(2) $\tan\left(\alpha+\frac{\pi}{4}\right)+\tan\left(\alpha-\frac{\pi}{4}\right)=2\tan2\alpha$.

3. 求 $\sin6°\cdot\sin42°\cdot\sin66°\cdot\sin78°$的值.

4. 若 $\tan\frac{\alpha}{2}=2$，求(1) $\tan\alpha$ 的值；(2) $\tan\left(\alpha+\frac{\pi}{4}\right)$的值.

5. 若 $\cos2\alpha=\frac{3}{5}$，求 $\cos^4\alpha+\sin^4\alpha$ 的值.

6. 若 $x+y=3-\cos4\theta$，$x-y=4\sin2\theta$，求 $x^{\frac{1}{2}}+y^{\frac{1}{2}}$ 的值.

# 6.3　正弦型函数 $y=A\sin(\omega x+\varphi)$

## ★ 新知识点

### 1. 辅助角公式

对于同角的正余弦的代数式 $a\sin\omega+b\cos\omega x(a,b\in\mathbf{R},\omega>0)$，首先可提取系数 $a$ 和 $b$ 的平方和的算术平方根；其次引入辅助角 $\varphi$，使$\frac{a}{\sqrt{a^2+b^2}}=\cos\varphi$，$\frac{b}{\sqrt{a^2+b^2}}=\sin\varphi$；最后由和角的正弦公式化为正弦型函数，即

$$
\begin{aligned}
a\sin\omega x+b\cos\omega x &=\sqrt{a^2+b^2}\left(\frac{a}{\sqrt{a^2+b^2}}\sin\omega x+\frac{b}{\sqrt{a^2+b^2}}\cos\omega x\right)\\
&=\sqrt{a^2+b^2}(\sin\omega x\cos\varphi+\cos\omega x\cdot\sin\varphi)=\sqrt{a^2+b^2}\sin(\omega x+\varphi).
\end{aligned}
$$

### 2. 正弦型函数 $y=A\sin(\omega x+\varphi)$

(1) 定义：一般地，形如 $y=A\sin(\omega x+\varphi)(A>0,\omega>0)$的函数称为正弦型函数，其中 $A$ 称

为振幅,$\omega$称为圆频率,$\varphi$称为初相位,$T=\frac{2\pi}{\omega}$称为周期,$f=\frac{1}{T}=\frac{\omega}{2\pi}$称为频率.

(2) 列表(见表 6-1).

**表 6-1**

| $x$ | $-\frac{\varphi}{\omega}$ | $\frac{\frac{\pi}{2}-\varphi}{\omega}$ | $\frac{\pi-\varphi}{\omega}$ | $\frac{\frac{3}{2}-\varphi}{\omega}$ | $\frac{2\pi-\varphi}{\omega}$ |
|---|---|---|---|---|---|
| $\omega x+\varphi$ | 0 | $\frac{\pi}{2}$ | $\pi$ | $\frac{3}{2}\pi$ | $2\pi$ |
| $y$ | 0 | $A$ | 0 | $-A$ | 0 |

描点、连线得图像(见图 6-3).

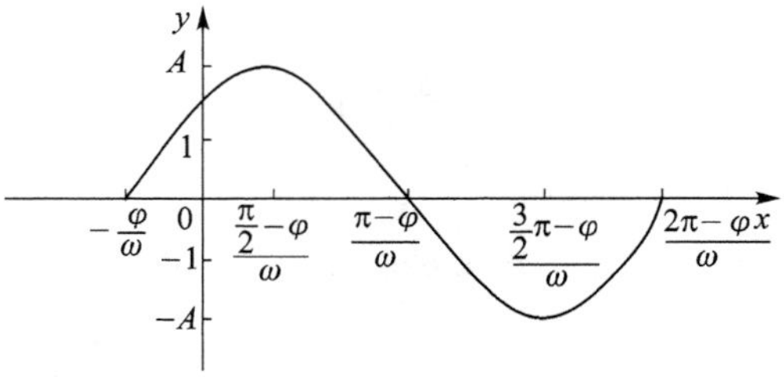


**图 6-3**

(3) 性质:①值域$[-A,A]$,当$\omega x+\varphi=2k\pi+\frac{\pi}{2}$,$k\in\mathbf{Z}$时,取最大值$y_{\max}=A$;当$\omega x+\varphi=2k\pi-\frac{\pi}{2}$,$k\in\mathbf{Z}$取最小值$y_{\min}=-A$.

② 周期$T=\frac{2\pi}{\omega}$.

③ $\varphi=0$时,函数是奇函数;$\varphi\neq0$时,函数是非奇非偶函数.

④ 函数在$\left[\frac{2k\pi-\frac{\pi}{2}-\varphi}{\omega},\frac{2k\pi+\frac{\pi}{2}-\varphi}{\omega}\right]$,$k\in\mathbf{Z}$区间上是增函数.

函数在$\left[\frac{2k\pi+\frac{\pi}{2}-\varphi}{\omega},\frac{2k\pi+\frac{3}{2}-\varphi}{\omega}\right]$,$k\in\mathbf{Z}$区间上是减函数.

## ★ 知识巩固

**例 1** 指出函数$y=\frac{1}{3}\sin\left(3x+\frac{\pi}{6}\right)$,$x\in[0,+\infty)$的振幅、周期、初相位.

**解** $y=\frac{1}{3}\sin\left(3x+\frac{\pi}{6}\right)$的振幅$A=\frac{1}{3}$,周期$T=\frac{2\pi}{\omega}=\frac{2}{3}\pi$,初相位$\varphi=\frac{\pi}{6}$.

**例 2** 若$f(x)=A\sin\left(x-\frac{\pi}{3}\right)$且$f\left(\frac{\pi}{2}\right)=4$,(1)求$f(x)$;(2)当$x\in[0,2\pi]$时,求函数$f(x)$的最大值和最小值.

**解**　(1) 由
$$4=f\left(\frac{\pi}{2}\right)=A\sin\left(\frac{\pi}{2}-\frac{\pi}{3}\right)=A\sin\frac{\pi}{6}=\frac{1}{2}A,$$
有 $A=8$,所以
$$f(x)=8\sin\left(x-\frac{\pi}{3}\right).$$

(2) 由 $0\leqslant x\leqslant 2\pi$,有
$$-\frac{\pi}{3}\leqslant x-\frac{\pi}{3}\leqslant\frac{5}{3}\pi.$$
从而,当 $x-\frac{\pi}{3}=\frac{\pi}{2}\left(即\ x=\frac{5}{6}\pi\right)$时,$f(x)$有最大值为
$$f_{\max}(x)=8\times\frac{1}{2}=4.$$
当 $x-\frac{\pi}{3}=\frac{3}{2}\pi\left(即\ x=\frac{11}{6}\pi\right)$时,$f(x)$有最小值为
$$f_{\min}(x)=8\times\left(-\frac{1}{2}\right)=-4.$$

**课堂练习 6.3**

1. 指出函数 $y=8\sin\left(\frac{x}{4}-\frac{\pi}{3}\right),x\in[0,+\infty)$的振幅、周期、初相位.

2. 若函数 $y=A\sin\left(\omega x-\frac{\pi}{3}\right)+k(A>0,\omega>0)$在同一周期内,当 $x=\frac{5}{3}\pi$ 时,$y$ 有最大值 $\frac{7}{3}$;当 $x=\frac{11}{3}\pi$ 时,$y$ 有最小值 $-\frac{2}{3}$,求此函数解析式.

# 习题 6.3

1. 若函数 $y=A\sin(\omega x+\varphi)(A>0,\omega>0)$在同一周期内,当 $x=\frac{\pi}{3}$时,$y$ 取最大值 2;当 $x=0$时,$y$ 取最小值 $-2$,求函数表达式,并指出函数的振幅、周期、初相位.

2. 若函数 $y=\cos^2x+\sqrt{3}\sin x\cos x+1,x\in\mathbf{R}$,求函数的最大值并此时 $x$ 的取值集合.

# 本章小结

**1. 知识结构**

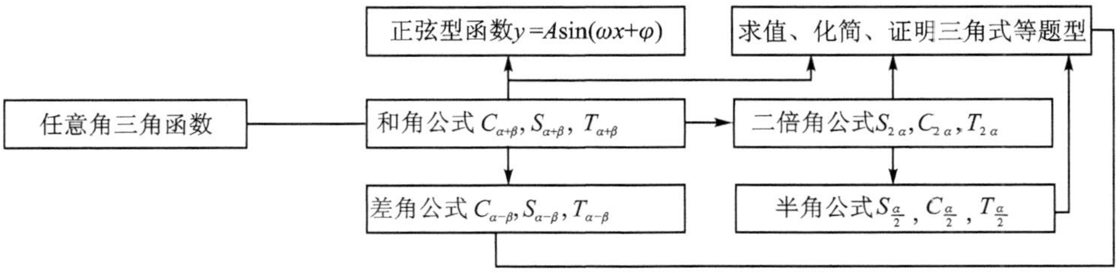

**2. 方法总结**

(1) 学习两角和与差的正弦、余弦、正切公式和二倍角的正弦、余弦、正切公式时，要熟记这些公式，了解它们的内在联系，通过这一系列的公式推导，培养逻辑推理能力.

(2) 运用三角恒等变形公式时，要对所解决的三角函数式进行化简，对求值和恒等式证明等实际问题中三角函数式的特点进行分析，准确应用公式，提高自己的解题能力.

(3) 利用三角恒等变化将三角函数式转化成正弦型三角函数 $y=A\sin(\omega x+\varphi)$ $(A>0,\omega>0)$ 时，须正确运用公式进行转化，同时要深刻理解 $A,\omega,\varphi$ 的物理意义.

# 复习题 6

1. 选择题

(1) $\sin x\cdot\sin(x+y)+\cos x\cdot\cos(x+y)$ 等于(　　).

A. $\sin(2x+y)$　　B. $\cos(2x+y)$　　C. $\sin y$　　D. $\cos y$

(2) $\sin25°$ 等于(　　).

A. $\cos20°\cdot\cos5°+\sin20°\cdot\sin5°$　　B. $\cos20°\cdot\cos5°-\sin20°\cdot\sin5°$

C. $\sin20°\cdot\cos5°+\cos20°\cdot\sin5°$　　D. $\sin20°\cdot\cos5°-\cos20°\cdot\sin5°$

(3) $\sin2\,016\cdot\sin\left(2\,016-\frac{\pi}{3}\right)+\cos2\,016\cdot\cos\left(2\,016-\frac{\pi}{3}\right)$ 等于(　　).

A. $-\frac{1}{2}$　　B. $\frac{1}{2}$　　C. $-\frac{\sqrt{3}}{2}$　　D. $\frac{\sqrt{3}}{2}$

(4) 若 $\tan A\cdot\tan B=\tan A+\tan B+1$，则 $\tan(A+B)$ 的值(　　).

A. $-1$　　B. 0　　C. 1　　D. $\pm1$

(5) $\tan70°-\tan10°-\sqrt{3}\tan70°\cdot\tan70°$ 的值是(　　).

A. $-\sqrt{3}$　　B. 0　　C. $\frac{\sqrt{3}}{3}$　　D. $\sqrt{3}$

(6) 若 $\sin\alpha+\cos\alpha=\sqrt{2}$，则 $\sin2\alpha$ 等于(　　).

A. 1　　B. 2　　C. $-1$　　D. $-\sqrt{2}$

(7) 若 $\cos\alpha=\frac{4}{5}$，则 $\cos2\alpha$ 等于(　　).

A. $\frac{2}{5}$　　B. $-\frac{7}{25}$　　C. $\frac{7}{25}$　　D. $-\frac{2}{5}$

(8) 化简 $\frac{\tan2\alpha}{1-\tan^2 2\alpha}$ 等于(　　).

A. $\tan4\alpha$　　B. $\frac{1}{2}\tan4\alpha$　　C. $2\tan2\alpha$　　D. $-2\tan4\alpha$

(9) 函数 $f(x)=\sin x+\cos x$ 的周期为(　　).

A. $\frac{\pi}{2}$　　B. $\pi$　　C. $2\pi$　　D. $4\pi$

(10) 函数 $y=\sin\left(x+\frac{\pi}{6}\right)$，$x\in\left[0,\frac{\pi}{2}\right]$的值域为(　　).

A. $\left[\frac{1}{2},\frac{\sqrt{3}}{2}\right]$　　B. $\left[\frac{\sqrt{3}}{2},1\right]$　　C. $\left[\frac{1}{2},1\right]$　　D. $[0,1]$

2. 填空题

(1) 函数 $y=\sqrt{3}\sin2x-\cos2x$ 的振幅 $A$ 等于________.

(2) 若 $\tan\alpha=\frac{1}{2}$，$\tan\beta=\frac{1}{3}$，则 $\tan(\alpha+\beta)$等于________.

(3) 若 $\alpha$ 是第二象限角，$\sin^4\alpha+\cos^4\alpha=\frac{5}{9}$，则 $\sin2\alpha=$________.

(4) 函数 $y=\lg\left[\sin\left(2x-\frac{\pi}{4}\right)\right]$的定义域是________.

3. 解答题

(1) 在$\triangle ABC$中，$\tan A$，$\tan B$ 是方程 $3x^2+8x-1=0$ 两根，求 $\tan C$ 的值.

(2) 求$\frac{\sin75^\circ+\cos75^\circ}{\sin75^\circ-\cos75^\circ}$的值.

(3) 求函数 $f(x)=2\cos\left(x+\frac{\pi}{3}\right)+2\cos x$ 的值域.

(4) 已知：$f(x)=\frac{1-\sqrt{2}\sin\left(2x-\frac{\pi}{4}\right)}{\cos x}$，(1) 求 $f(x)$的定义域，(2) 设 $\alpha$ 是第一象限角且 $\cos\alpha=\frac{4}{5}$，求 $f(\alpha)$的值.

## 趣味阅读

### 潮汐与港口水深

东汉学者王充说过："涛之兴也，随月盛衰".唐代学者张若虚(660—720)在他的《春江花月夜》中更有"春江潮水连海平，海上明月共潮生."这样的优美诗句.古人把海水白天的上涨称为"潮"，海水晚上的上涨称为"汐".实际上，潮汐与月球和地球均有关系，在月球万有引力的作用下，就地球的海面上的每一点而言，海水随着地球的本身自转，大约在一天里经历两次上涨和两次降落.

由于潮汐与港口的水深有密切关系，港口工作人员对此十分重视，以便加以合理利用.如某港口工作人员在某年农历八月十五从 0 时记录时间 $t(h)$与水深 $d(m)$的关系如表 6-2 所列.

**表 6-2**

| $t/h$ | 0 | 3 | 6 | 9 | 12 | 15 | 18 | 21 | 24 |
|---|---|---|---|---|---|---|---|---|---|
| $d/m$ | 10 | 13 | 10 | 7 | 10 | 13 | 10 | 7 | 10 |

(1) 把上表格中 9 组对应值用直角坐标系中 9 个点表示出来，不难发现可选用正弦型函

数 $d=10+3\sin\frac{\pi}{6}t$，$t\in[0,24]$来近似地描述这个港口一天内的水深 $d$ 与时间 $t$ 的关系，简图如图 6－4 所示.

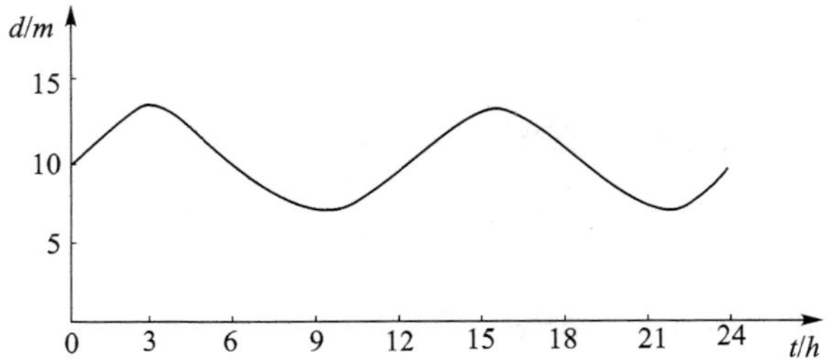


**图 6－4**

(2) 例如这一年农历八月十六或九月十四，假若一条货船吃水深度(即船底与水面距离)为 8 m，安全条例规定这船至少要有 2 m 的安全间隙(即船底与水底距离)，那么水深 $d$ 需满足 $10\text{ m}\leqslant d\leqslant 13\text{ m}$，利用这个函数及其简图，就可近似得到此船何时进入港口和港口能停留多久. 若此船从凌晨 2 时开始卸货，吃水深度由于船质重减小而按 0.3 m/h 的速度递减，还可以得到该船卸货必须在什么时间前停止，并将船驶向较深的某个目标水域，以确保货船安全.

# 第 7 章　解三角形

解三角形是三角函数的重要应用之一，对今后的数学学习和生产实践意义重大.

在初中，已学习了解直角三角形，即根据直角三角形中已知的边与角来求出未知的边与角. 本章将在学习正弦定理和余弦定理的基础上，学习解斜三角形，即根据斜三角形中已知的边与角来求出未知的边与角.

## 7.1　正弦定理

★ 新知识点

**1. 直角三角形正弦定理**

如图 7－1 所示，在 Rt△$ABC$ 中，若 $BC=a$，$AC=b$，$AB=c$，则有 $\sin A=\frac{a}{c}$，$\sin B=\frac{b}{c}$，$\sin C=1$，即

$$c=\frac{a}{\sin A},\quad c=\frac{b}{\sin B},\quad c=\frac{c}{\sin c}.$$

所以得直角三角形正弦定理

$$\frac{a}{\sin A}=\frac{b}{\sin B}=\frac{c}{\sin C}.$$

**2. 斜三角形正弦定理**

如图 7－2 所示，在△$ABC$ 中，若 $BC=a$，$AC=b$，$AB=c$，分别作 $AD\perp BC$、$BE\perp AC$.

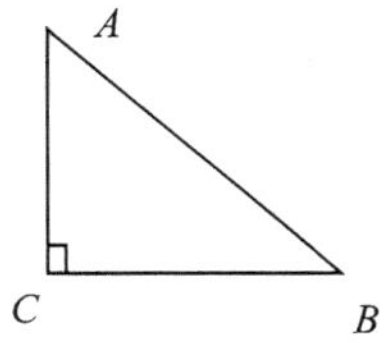


**图 7－1**

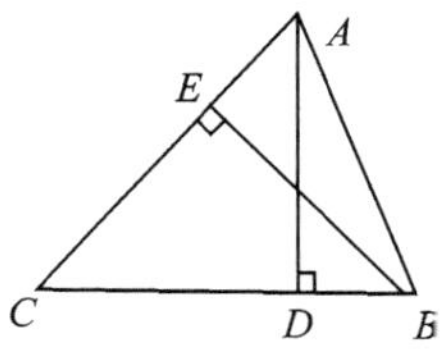


**图 7－2**

在 Rt△$ACD$ 和 Rt△$ABD$ 中，

$$b\cdot\sin C=AD=c\sin B,$$

有

$$\frac{b}{\sin B}=\frac{c}{\sin C}. \qquad ①$$

在 Rt△$ABE$ 和 Rt△$BCE$ 中，

$$c\cdot\sin A=BE=a\sin C,$$

有

$$\frac{a}{\sin A}=\frac{c}{\sin C}. \qquad ②$$

由①和②两式得斜三角形正弦定理，即

$$\frac{a}{\sin A}=\frac{b}{\sin B}=\frac{c}{\sin C}.$$

**正弦定理** 在一个三角形中,各边和它所对角的正弦的相等且等于外接圆直径,即

$$\frac{a}{\sin A}=\frac{b}{\sin B}=\frac{c}{\sin C}=2R.$$

利用正弦定理,可以解决以下两类有关三角形的问题.

(1) 已知两角和任一边,求其他两边和一角.

(2) 已知两边和其中一边的对角,求另一边的对角,从而再求其他的边和角.

## ★ 知识巩固

**例 1** 在△$ABC$ 中,若 $c=10$,$A=45°$,$C=60°$,求 $b$.

**解** $B=180°-(A+C)=180°-(45°+60°)=75°$. 由

$$\frac{b}{\sin B}=\frac{c}{\sin C},$$

有
$$b=\frac{\sin B}{\sin C}c=\frac{\sin 75°}{\sin 60°}\times 10=\frac{\sqrt{6}+\sqrt{2}}{\sqrt{3}}\times 5=\frac{3\sqrt{2}+\sqrt{6}}{3}\times 5=5\sqrt{2}+\frac{5}{3}\sqrt{6}.$$

**例 2** 在△$ABC$ 中,若 $a=1$,$b=\sqrt{3}$,$A=30°$,求 $B$.

**解** 由$\frac{a}{\sin A}=\frac{b}{\sin B}$,有

$$\sin B=\frac{b}{a}\sin A=\frac{\sqrt{3}}{1}\times\frac{1}{2}=\frac{\sqrt{3}}{2}.$$

又由 $b>a$,有 $B>A=30°$. 所以 $B=60°$或 $120°$.

**例 3** 在△$ABC$ 中,三个内角的正弦之比是 4∶5∶6,周长为 15,求三边之长.

**解** 由题意可设:$\sin A:\sin B:\sin C=4:5:6$.

又由正弦定理:$\frac{a}{\sin A}=\frac{b}{\sin B}=\frac{c}{\sin C}$,并设比值为 $x(x\neq 0)$. 有

$$a=4x,\quad b=5x,\quad c=6x,$$

即
$$4x+5x+6x=a+b+c=15,$$

所以
$$x=1.$$

故三边之长为
$$a=4, b=5, c=6.$$

## 课堂练习 7.1

1. 在△$ABC$ 中,$A:B:C=1:2:3$,则 $a:b:c=$________.
2. 在△$ABC$ 中,若 $a=10\sqrt{2}$,$b=20$,$A=45°$,求 $B$.
3. 在△$ABC$ 中,若 $a=8$,$B=60°$,$C=75°$,求 $b$.

# 习题 7.1

1. 在△$ABC$,若$\frac{\sin A}{a}=\frac{\cos B}{b}$,则 $B=$________.

2. 在△$ABC$中，$A=60°$，$B=45°$，$c=1$，求此三角形的最小边.

3. 在△$ABC$中，$A=45°$，$a=3$，$c=4$，则$C=$________.

4. 在△$ABC$中，若$\sin^2A+\sin^2B=\sin^2C$，求证△$ABC$是直角三角形.

# 7.2　余弦定理

## ★ 新知识点

**1. 余弦定理**

如图 7-3 所示，在△$ABC$中，$BC=a$，$AC=b$，$AB=c$. 过$A$作$AD\perp BC$，在 Rt△$ABD$和 Rt△$ACD$中，$AD=c\sin B$，$BD=c\cos B$，$CD=a-c\cos B$.

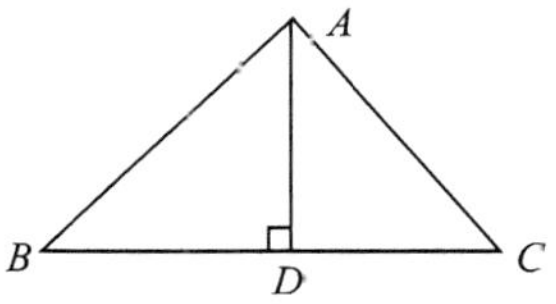

图 7-3

由勾股定理有

$$\begin{aligned} b^2=AC^2&=AD^2+CD^2=(c\sin B)^2+(a-c\cos B)^2 \\ &=c^2\sin^2B+a^2-2ac\cos B+c^2\cos^2B \\ &=a^2-2ac\cos B+c^2=a^2+c^2-2ac\cos B, \end{aligned}$$

同理有　$a^2=b^2+c^2-2bc\cos A$，　$c^2=a^2+b^2-2ab\cos C$.

**余弦定理**　三角形任何一边的平方等于其他两边平方的和减去这两边与它们夹角的余弦的积的两倍，即

$$a^2=b^2+c^2-2bc\cos A,$$
$$b^2=a^2+c^2-2ac\cos B,$$
$$c^2=a^2+b^2-2ab\cos C.$$

**提醒：**在余弦定理中，令$C=90°$，这时$\cos C=0$，所以

$$c^2=a^2+b^2.$$

由此可知余弦定理是勾股定理的推广.

**2. 余弦定理的变形式**

余弦定理的变形式为

$$\cos A=\frac{b^2+c^2-a^2}{2bc},$$

$$\cos B=\frac{a^2+c^2-b^2}{2ac},$$

$$\cos C=\frac{a^2+b^2-c^2}{2ab}.$$

利用余弦定理，可以解决以下两类有关三角形的问题.

(1) 已知三边，求三个角.

(2) 已知两边和它们的夹角，求第三边和其他两个角.

## ★ 知识巩固

**例 1**　在△$ABC$中，若$b=6$，$c=4$，$\cos A=\frac{1}{3}$，求$a$.

**解** 由余弦定理得

$$\begin{aligned} a^2 &= b^2+c^2-2bc\cos A \\ &= 6^2+4^2-2\times6\times4\times\frac{1}{3} \\ &= 36+16-16=36, \end{aligned}$$

所以 $a=6$.

**例 2** 在$\triangle ABC$中,若 $a=3,b=\sqrt{7},c=2$,求 $B$.

**解** 由余弦定理得

$$\begin{aligned} \cos B &= \frac{a^2+c^2-b^2}{2ac} \\ &= \frac{3^2+2^2-(\sqrt{7})^2}{2\times3\times2} \\ &= \frac{9+4-7}{12}=\frac{1}{2}. \end{aligned}$$

又由 $0°<B<180°$,所以 $B=60°$.

**例 3** 在$\triangle ABC$中,$A=60°,\frac{c}{b}=\frac{4}{3}$,求 $\sin C$.

**解** 由$\frac{c}{b}=\frac{4}{3}$,设 $c=4k,b=3k(k>0)$. 由余弦定理得

$$\begin{aligned} a^2 &= b^2+c^2-2bc\cos A \\ &= (3k)^2+(4k)^2-2\times3k\times4k\times\frac{1}{2} \\ &= 9k^2+16k^2-12k^2=13k^2, \end{aligned}$$

所以 $a=\sqrt{13}k$.

又由正弦定理$\frac{a}{\sin A}=\frac{c}{\sin C}$,有

$$\sin C=\frac{c}{a}\sin A=\frac{4k}{\sqrt{13}k}\times\frac{\sqrt{3}}{2}=\frac{2}{13}\sqrt{39}.$$

## 课堂练习 7.2

1. 在$\triangle ABC$中,若 $a=3,b=4,c=\sqrt{37}$,求此三角形的最大内角.
2. 三角形的两边长分别为 5 和 3,它们夹角的余弦值是$-\frac{3}{5}$,求三角形的另一边长.
3. 若$\triangle ABC$满足 $a\cos A=b\cos B$,判定$\triangle ABC$的形状.

## 习题 7.2

1. 三角形的三边长分别是 5、7、8,求三角形的最大角和最小角的和为多少?
2. 在$\triangle ABC$中,$A+C=2B,a=3,c=5$,求 $b$.
3. 在$\triangle ABC$中,若 $2B=A+C,b^2=ac$,判定$\triangle ABC$的形状.

# 本章小结

**1. 知识结构**

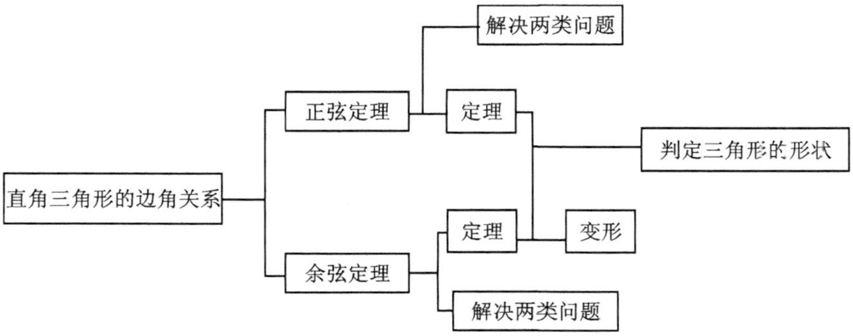


**2. 方法总结**

(1) 熟记正弦定理、余弦定理以及余弦定理的变形式，并灵活运用正弦定理和余弦定理解决两类问题的特点和差异，提高解题能力.

(2) 在三角形内角的三角函数表达式中，正、余弦定理灵活应用可以将正、余弦函数化成边的关系式，反之亦然.

# 复习题 7

1. 选择题

(1) 在$\triangle ABC$中，若$(a+b+c)(b+c-a)=3bc$，则$A=$(　　).

A. $30°$　　B. $60°$　　C. $120°$　　D. $150°$

(2) 在$\triangle ABC$中，若$\frac{1}{2}ab\sin C=\frac{a^2+b^2-c^2}{4}$，则$C=$(　　).

A. $\frac{\pi}{6}$　　B. $\frac{\pi}{4}$　　C. $\frac{\pi}{3}$　　D. $\frac{2}{3}\pi$

(3) 在$\triangle ABC$中，若$\sqrt{3}a=2b\sin A$，则$B=$(　　).

A. $\frac{\pi}{3}$　　B. $\frac{\pi}{6}$　　C. $\frac{\pi}{3}$或$\frac{2\pi}{3}$　　D. $\frac{\pi}{6}$或$\frac{5\pi}{6}$

(4) 在$\triangle ABC$中，若$a^2>b^2+c^2$，则$A$是(　　).

A. 钝角　　B. 直角　　C. 锐角　　D. 不能确定

(5) 在$\triangle ABC$中，若$b\cos A=a\cos B$，则三角形是(　　)三角形.

A. 锐角　　B. 直角　　C. 等腰　　D. 等边

2. 填空题

(1) 在$\triangle ABC$中，若$\sin A:\sin B:\sin C=5:7:8$，则$a:b:c=$________.

(2) 在$\triangle ABC$中，若$a^2<b^2+c^2$，则$A$的范围是________.

3. 解答题

在$\triangle ABC$中，若$\sin A=2\sin B\cos C$，$\sin^2 A=\sin^2 B+\sin^2 C$，试判定$\triangle ABC$的形状.

# 趣味阅读

## 早期测量地球半径的方法

地球的形状近似一个球，下面介绍一种早期近似测量地球半径的方法.

设圆周长为$C$，半径为$R$，圆上$M$、$N$两地间的弧长为$l$，对应圆心角为$n°$. 易知：

圆周长即$360°$的圆心角所对弧度$C=2\pi R$，

$1°$的圆心角所对弧长是$\frac{2\pi R}{360}=\frac{\pi R}{180}$，

$n°$的圆心角所对弧长是$l=\frac{n\pi R}{180}$，

圆半径为$R=\frac{180l}{\pi n}$.

而在实际测量地球半径时，在同一条子午线选取$M$、$N$两点，然后用天文方法测出$M$、$N$两地的纬度，即可算出$n°$. 当$M$、$N$两地相距很远时，常采用布设三角网的方法，算出$MN$，即$l$的长. 如图 7－4 所示，在$M$、$N$两地间布设三角点，构成$\triangle AMB$、$\triangle ABC$、$\triangle BCD$、$\triangle CDE$、$\triangle EDN$等. 用经纬仪可测出这些三角形的各个角的度数，再量出$M$点附近的那条基线$MA$的长，即可算出$MN$的长.

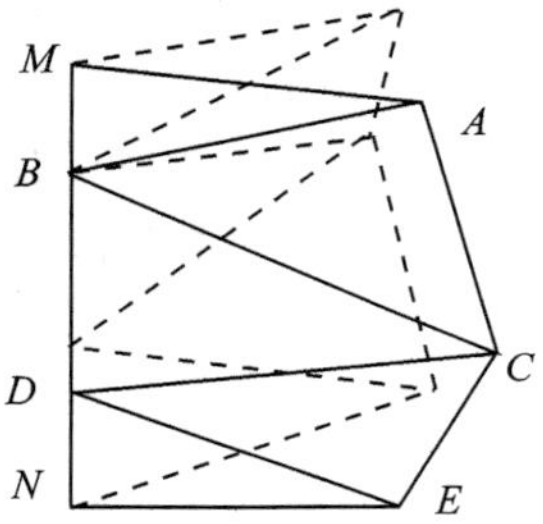

图 7－4

具体算法如下：

在$\triangle ABC$中，由于它的各个角已测出，$AM$的长也量出，故由正弦定理得

$$MB=\frac{AM\sin\angle MAB}{\sin\angle ABM},AB=\frac{AM\sin\angle AMB}{\sin\angle ABM}.$$

同理得

$$BC=\frac{AB\sin\angle CAB}{\sin\angle ACB},\quad CD=\frac{BC\sin\angle CBD}{\sin\angle BDC},\quad BD=\frac{BC\sin\angle BCD}{\sin\angle BDC},$$

$$DE=\frac{CD\sin\angle ECD}{\sin\angle CED},\quad DN=\frac{DE\sin\angle DEN}{\sin\angle DNE}.$$

于是

$$MN=MB+BD+DN.$$

法国数学家皮卡尔(1620—1682)于 1669 年至 1671 年，率测量队首次测出巴黎和亚眠之间的子午线长，求得子午线$1°$的长约为 111.28 km，这样他推算出地球半径为

$$R=\frac{180\times 111.28}{3.1416\times 1}\approx 6\,376\ (\text{km})$$

他推算出的值与现公认的地球半径 6 371 km 非常接近.

另外，布设三角网有多种方法(见图 7－4 中的虚线)，要根据实际情况，布设的网点越少越好.

# 第 8 章　平面向量

向量是数学中的重要概念之一，向量和数一样也能进行运算，而且运用向量的知识能有效地解决数学、物理等学科中的许多问题.

本章将学习向量的概念、运算及其简单的应用.

## 8.1　向　量

### ★ 新知识点

**1. 有向线段**

(1) 有向线段定义

规定了始点、终点的线段，即具有方向的线段称为有向线段. 例如，线段 $AB$ 中，规定 $A$ 点为始点，$B$ 点为终点，线段 $AB$ 就具有了方向，即为有向线段，记作 $\boldsymbol{AB}$.

**注意**：始点一定要写在终点的前面，线段 $AB$ 的长度称为有向线段 $\boldsymbol{AB}$ 的长度，记作 $|\boldsymbol{AB}|$.

**图 8－1**

(2) 有向线段三要素

有向线段三要素为：始点、方向、长度. 知道了有向线段的始点、方向、长度，它的终点就唯一确定.

**2. 向　量**

(1) 向量定义

既有大小又有方向的量称为向量. 例如，有向线段 $\boldsymbol{AB}$，长度 $|\boldsymbol{AB}|$ 为大小，由始点 $A$ 指向终点 $B$ 为方向，从而有向线段 $\boldsymbol{AB}$ 可以表示向量.

向量 $\boldsymbol{AB}$ 的大小，也就是 $\boldsymbol{AB}$ 的长度(或模)，记作 $|\boldsymbol{AB}|$.

(2) 向量表示

向量可用字母 $\boldsymbol{a}$，$\boldsymbol{b}$，$\boldsymbol{c}$[①] 等表示或用表示向量的有向线段的始点和终点字母表示，如 $\boldsymbol{a}$ 或 $\boldsymbol{AB}$ 等.

(3) 特殊向量

长度为 0 的向量称为零向量，记为 $\boldsymbol{0}$. 长度为 1 个单位长度的向量称为单位向量.

(4) 向量间关系

方向相同或相反的非零向量称为平行向量，如图 8－2 中的 $\boldsymbol{a}$，$\boldsymbol{b}$，$\boldsymbol{c}$ 就是一组平行向量. 向量 $\boldsymbol{a}$，$\boldsymbol{b}$，$\boldsymbol{c}$ 平行，记作 $\boldsymbol{a}/\!/\boldsymbol{b}/\!/\boldsymbol{c}$ . 规定零向量 $\boldsymbol{0}$ 与任一向量平行.

---

① 向量表示时，印刷体均用黑体字表示，而手写体均需加箭头. 如向量 $\boldsymbol{a}$ 手写为 $\vec{a}$，向量 $\boldsymbol{AB}$ 手写为 $\overrightarrow{AB}$. 向量 $\boldsymbol{0}$ 手写为 $\vec{0}$.

长度相等且方向相同的向量称为相等向量,向量 **a** 与 **b** 相等,记作 **a**=**b**. 零向量与零向量相等. 任意两个相等的非零向量,都可以用同一条有向线段表示,而且与有向线段的始点无关.

如图 8-2 所示,任作一条与 **a** 所在直线平行的直线 $l$,在 $l$ 上任取一点 $O$,则可在直线 $l$ 上分别作 **OA**=**a**,**OB**=**b**,**OC**=**c**,即任意一组平行向量均可移到同一直线上,因此平行向量也称为共线向量.

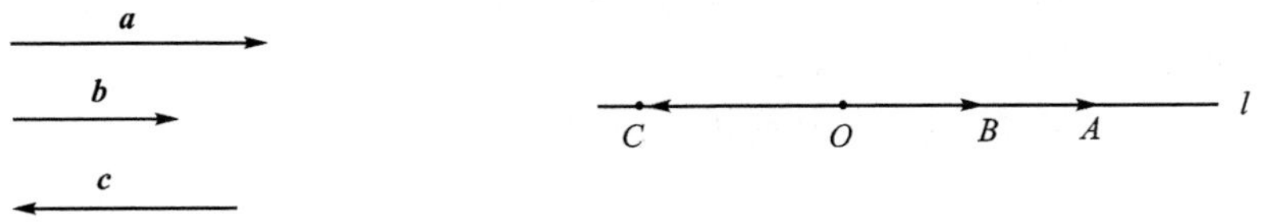


图 8-2

★ 知识巩固

**例** 如图 8-3 所示,在边长为 2 的正六边形 $ABCDEF$ 中,$O$ 是中心,分别写出:

(1) 向量 **OA** 的始点、终点和模.

(2) 与向量 **OA** 共线的向量.

(3) 与向量 **OA** 相等的向量.

**解** (1) 向量 **OA** 的始点为 $O$,终点为 $A$,模为 2.

(2) 与向量 **OA** 的共线的向量为 **CB**,**DO**,**FE**.

(3) 与向量 **OA** 相等的向量为 **CB**,**DO**.

## 课堂练习 8.1

1. 非零向量 **AB** 和非零向量 **BA**,它们的长度怎么表示? 这两个向量的长度相等吗? 这两个向量相等吗?

2. 如图 8-4 所示,在平行四边形 $ABCD$ 中,下列相等向量关系中,正确的题号为________. ①**AB**=**DC**;②**AD**=**BC**;③**OB**=**OD**;④**AC**=**BO**;⑤**AO**=**OC**.

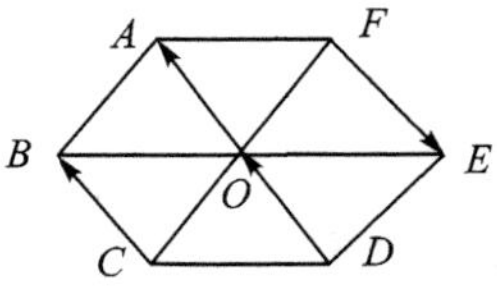


图 8-3

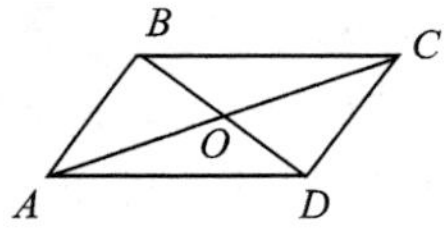


图 8-4

# 习题 8.1

1. 如图 8-5 所示,$D$、$E$、$F$ 分别是△$ABC$ 各边的中点,写出图中与 **DE**,**EF**,**FD** 相等的向量.

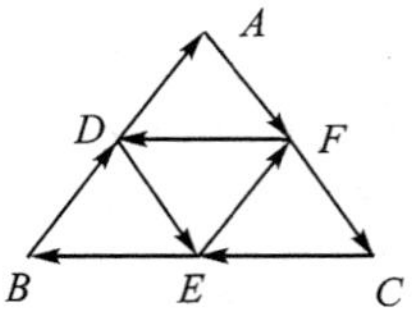


图 8-5

2. 设数轴上有四个点 $A$、$B$、$C$、$D$,其中 $A$、$C$ 对应的实数是 1 和 −3,且 **AC**=**CB**,**CD** 为单位向量,则 $B$ 对应的实数为________,$D$ 对应的实数为________. |**BC**|=________.

# 8.2　向量的加法与减法

## ★ 新知识点

### 1. 向量的加法

（1）加法定义：如图 8－6 所示，已知向量 $\boldsymbol{a}$，$\boldsymbol{b}$，在平面内任取一点 $A$，作 $\boldsymbol{AB}=\boldsymbol{a}$，$\boldsymbol{BC}=\boldsymbol{b}$，向量 $\boldsymbol{AC}$ 称为 $\boldsymbol{a}$ 与 $\boldsymbol{b}$ 的和，记作 $\boldsymbol{a}+\boldsymbol{b}$，即 $\boldsymbol{a}+\boldsymbol{b}=\boldsymbol{AB}+\boldsymbol{BC}=\boldsymbol{AC}$. 求两个向量和的运算，称为向量的加法.

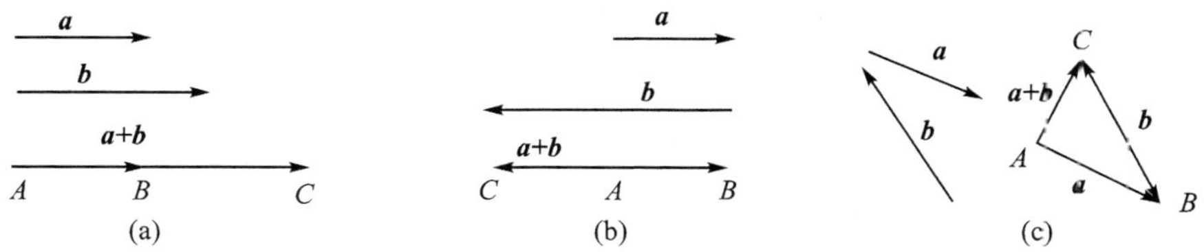


图 8－6

（2）加法法则：如图 8－7(a)所示，以同一点 $A$ 为始点的两个已知向量 $\boldsymbol{a}$，$\boldsymbol{b}$ 为邻边作平行四边形 $ABCD$，则以 $A$ 为始点的对角线 $\boldsymbol{AC}$ 就是 $\boldsymbol{a}$ 与 $\boldsymbol{b}$ 的和，这种作两个向量和的方法称为向量加法的平行四边形法则. 如图 8－7(b)所示，根据向量加法的定义得出的求向量和的方法称为向量加法的三角形法则.

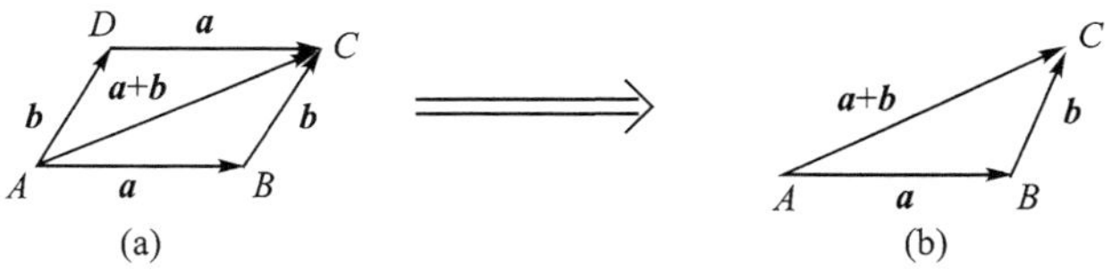


图 8－7

（3）加法运算律：① $\boldsymbol{a}+\boldsymbol{0}=\boldsymbol{0}+\boldsymbol{a}=\boldsymbol{a}$；

② $\boldsymbol{a}+\boldsymbol{b}=\boldsymbol{b}+\boldsymbol{a}$；

③ $(\boldsymbol{a}+\boldsymbol{b})+\boldsymbol{c}=\boldsymbol{a}+(\boldsymbol{b}+\boldsymbol{c})$.

### 2. 向量的减法

（1）相反向量：与 $\boldsymbol{a}$ 长度相等、方向相反的向量称为 $\boldsymbol{a}$ 的相反向量，记作 $-\boldsymbol{a}$. $\boldsymbol{a}$ 与 $-\boldsymbol{a}$ 互为相反向量.

规定：零向量的相反向量仍是零向量.

任一向量与它相反向量的和是零向量，即

$$\boldsymbol{a}+(-\boldsymbol{a})=(-\boldsymbol{a})+\boldsymbol{a}=\boldsymbol{0}.$$

所以，如果 $\boldsymbol{a}$，$\boldsymbol{b}$ 互为相反的向量，那么

$$\boldsymbol{a}=-\boldsymbol{b},\quad \boldsymbol{b}=-\boldsymbol{a},\quad \boldsymbol{a}+\boldsymbol{b}=\boldsymbol{0}.$$

（2）减法定义：向量 $\boldsymbol{a}$ 加上 $\boldsymbol{b}$ 的相反向量称为 $\boldsymbol{a}$ 与 $\boldsymbol{b}$ 的差，即 $\boldsymbol{a}-\boldsymbol{b}=\boldsymbol{a}+(-\boldsymbol{b})$. 求两个向量差的运算称为向量的减法.

如图 8－8 所示，已知向量 $\boldsymbol{a}$，$\boldsymbol{b}$，在平面内任取一点 $O$，作 $\boldsymbol{OA}=\boldsymbol{a}$，$\boldsymbol{OB}=\boldsymbol{b}$，则 $\boldsymbol{BA}=\boldsymbol{a}-\boldsymbol{b}$，即

$\boldsymbol{a}-\boldsymbol{b}$可以表示为从向量$\boldsymbol{b}$的终点指向向量$\boldsymbol{a}$的终点的向量.

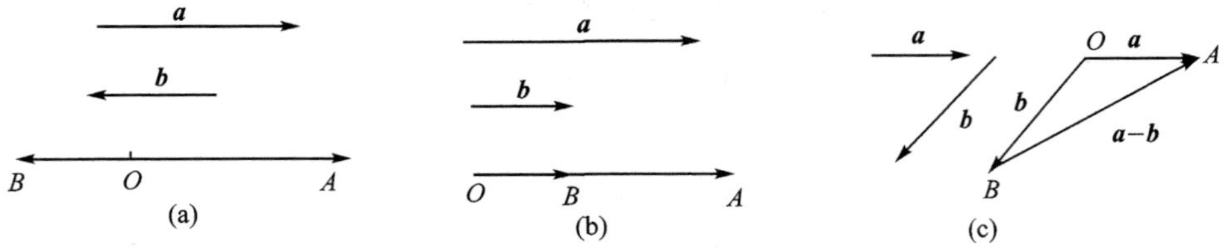


图 8－8

**提醒**:向量加法口诀是,首尾相连,由“尾”到“首”的向量就是和向量;向量减法口诀是,尾尾相连,由减向量的“首”到被减向量的“首”的向量就是差向量.

## ★ 知识巩固

**例 1** 如图 8－9(a)所示,若$\boldsymbol{AB}=\boldsymbol{a}$,$\boldsymbol{CB}=\boldsymbol{b}$,求作(1) $\boldsymbol{a}+\boldsymbol{b}$;(2) $\boldsymbol{a}-\boldsymbol{b}$.

**解** (1) 以$B$为起点作$\boldsymbol{BD}=\boldsymbol{b}$,如图 8－9(b)所示,则$\boldsymbol{AD}=\boldsymbol{a}+\boldsymbol{b}$.

(2) 以$A$为起点作$\boldsymbol{AD}=\boldsymbol{b}$,如图 8－9(c)所示,则$\boldsymbol{DB}=\boldsymbol{a}-\boldsymbol{b}$.

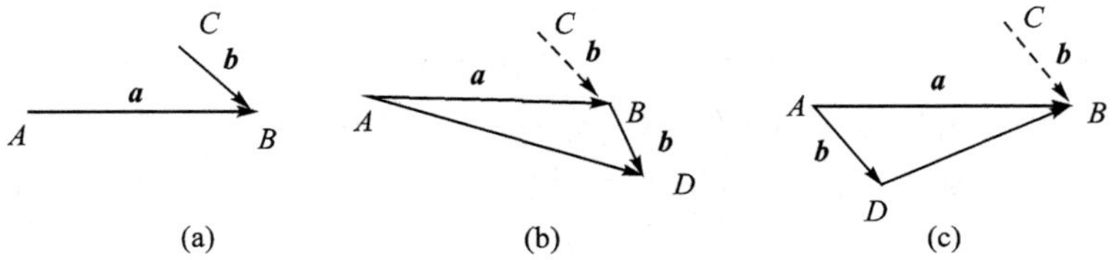


图 8－9

**例 2** 化简$(\boldsymbol{AB}-\boldsymbol{CD})-(\boldsymbol{AC}-\boldsymbol{BD})$.

**解** 
$$\begin{aligned}(\boldsymbol{AB}-\boldsymbol{CD})-(\boldsymbol{AC}-\boldsymbol{BD})&=\boldsymbol{AB}-\boldsymbol{CD}-\boldsymbol{AC}+\boldsymbol{BD}\\&=(\boldsymbol{AB}+\boldsymbol{BD})-(\boldsymbol{AC}+\boldsymbol{CD})\\&=\boldsymbol{AD}-\boldsymbol{AD}=\boldsymbol{AD}+\boldsymbol{DA}=\boldsymbol{0}.\end{aligned}$$

## 课堂练习 8.2

1. 如图 8－10 所示,若$\boldsymbol{AB}=\boldsymbol{a}$,$\boldsymbol{BC}=\boldsymbol{b}$,求作(1) $\boldsymbol{a}+\boldsymbol{b}$;(2) $\boldsymbol{a}-\boldsymbol{b}$.
2. 化简:$\boldsymbol{NQ}+\boldsymbol{QP}+\boldsymbol{MN}-\boldsymbol{MP}$.
3. 如图 8－11 所示,一般船从$A$点出发,以$2\sqrt{3}$ km/h 的速度向垂直于对岸的方向行驶,同时河水的流速为 2 km/h,求船实际航行速度的大小和方向.

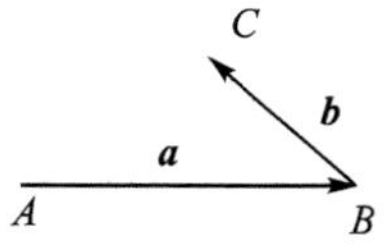


图 8－10

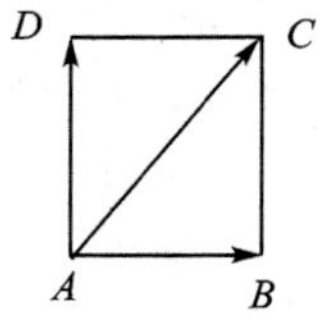


图 8－11

# 习题 8.2

1. 化简：(1) $(\boldsymbol{AB}+\boldsymbol{MB})+(\boldsymbol{BO}+\boldsymbol{BC})+\boldsymbol{OM}$；

(2) $(\boldsymbol{AB}-\boldsymbol{CD})+(\boldsymbol{BD}-\boldsymbol{AC})$；

(3) $\boldsymbol{AB}-\boldsymbol{AD}-\boldsymbol{DC}$；

(4) $\boldsymbol{NQ}+\boldsymbol{QP}+\boldsymbol{MN}-\boldsymbol{MP}$.

2. 若菱形 $ABCD$ 的边长为 2，求向量 $\boldsymbol{AB}-\boldsymbol{CB}+\boldsymbol{CD}$ 的模.

3. 如图 8-12 所示，已知一点 $O$ 到平行四边形 $ABCD$ 的三个顶点 $A,B,C$ 的向量分别是 $\boldsymbol{a},\boldsymbol{b},\boldsymbol{c}$，试用向量 $\boldsymbol{a},\boldsymbol{b},\boldsymbol{c}$ 表示 $\boldsymbol{OD}$.

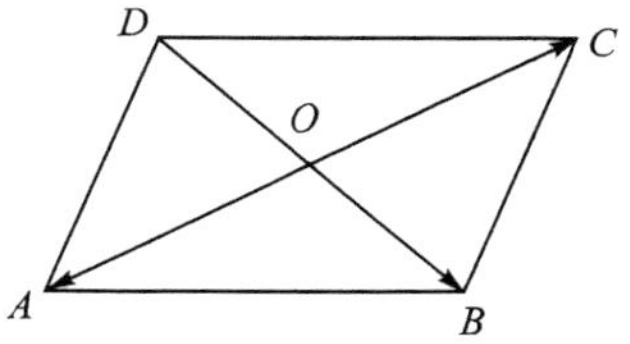


图 8-12

# 8.3　实数与向量的积

## ★ 新知识点

实例观察：已知非零向量 $\boldsymbol{a}$，作出 $\boldsymbol{a}+\boldsymbol{a}$ 和 $(-\boldsymbol{a})+(-\boldsymbol{a})$.

由图 8-13(b)可知：$\boldsymbol{AC}=\boldsymbol{AB}+\boldsymbol{BC}=\boldsymbol{a}+\boldsymbol{a}$，记 $\boldsymbol{a}+\boldsymbol{a}$ 为 $2\boldsymbol{a}$，由此 $\boldsymbol{AC}=2\boldsymbol{a}$. 显然 $2\boldsymbol{a}$ 的方向与 $\boldsymbol{a}$ 的方向相同，$2\boldsymbol{a}$ 的长度是 $\boldsymbol{a}$ 的长度的 2 倍，即 $|2\boldsymbol{a}|=2|\boldsymbol{a}|$.

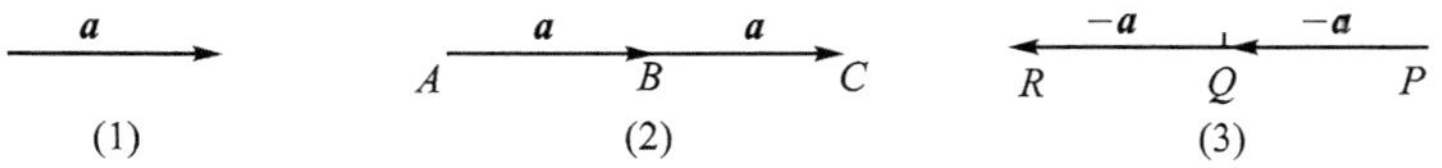


图 8-13

由图 8-13(c)可知：$\boldsymbol{PR}=\boldsymbol{PQ}+\boldsymbol{QR}=(-\boldsymbol{a})+(-\boldsymbol{a})$，记 $(-\boldsymbol{a})+(-\boldsymbol{a})$ 为 $-2\boldsymbol{a}$，由此 $\boldsymbol{PR}=-2\boldsymbol{a}$，显然 $-2\boldsymbol{a}$ 的方向与 $\boldsymbol{a}$ 的方向相反，$-2\boldsymbol{a}$ 的长度是 $\boldsymbol{a}$ 的长度的 2 倍，即 $|-2\boldsymbol{a}|=2|\boldsymbol{a}|$.

**1. 实数与向量的积**

(1) 定义：一般地，实数 $\lambda$ 与向量 $\boldsymbol{a}$ 的积是一个向量，记作 $\lambda\boldsymbol{a}$，其长度和方向规定如下.

① $|\lambda\boldsymbol{a}|=|\lambda|\cdot|\boldsymbol{a}|$.

② 当 $\lambda>0$ 时，$\lambda\boldsymbol{a}$ 的方向与 $\boldsymbol{a}$ 的方向相同；当 $\lambda<0$ 时，$\lambda\boldsymbol{a}$ 的方向与 $\boldsymbol{a}$ 的方向相反；当 $\lambda=0$ 时，$\lambda\boldsymbol{a}=\boldsymbol{0}$，方向任意.

(2) 运算法则：若 $\lambda,u$ 是实数，则

① $\lambda(u\boldsymbol{a})=(\lambda u)\boldsymbol{a}$；

② $(\lambda+u)\boldsymbol{a}=\lambda\boldsymbol{a}+u\boldsymbol{a}$；

③ $\lambda(\boldsymbol{a}+\boldsymbol{b})=\lambda\boldsymbol{a}+\lambda\boldsymbol{b}$.

(3) 共线向量的充要条件

**定理** 向量 $\boldsymbol{b}$ 与非零向量 $\boldsymbol{a}$ 共线的充要条件是有且只有一个实数 $\lambda$，使得 $\boldsymbol{b}=\lambda\boldsymbol{a}$.

**证明** ①充分性.

对于向量 $\boldsymbol{a}(\boldsymbol{a}\neq\boldsymbol{0})$，$\boldsymbol{b}$，如果有一个实数 $\lambda$，使得 $\boldsymbol{b}=\lambda\boldsymbol{a}$，由实数与向量的积的定义知，$\boldsymbol{a}$ 与 $\boldsymbol{b}$ 共线.

②必要性.

由 $\boldsymbol{a}$ 与 $\boldsymbol{b}$ 共线且 $\boldsymbol{a}\neq\boldsymbol{0}$，有 $\boldsymbol{b}$ 的长度是 $\boldsymbol{a}$ 的长度的 $u$ 倍，即 $|\boldsymbol{b}|:|\boldsymbol{a}|=u$，当 $\boldsymbol{a}$ 与 $\boldsymbol{b}$ 同向时，有 $\boldsymbol{b}=u\boldsymbol{a}$；当 $\boldsymbol{a}$ 与 $\boldsymbol{b}$ 反向时，有 $\boldsymbol{b}=-u\boldsymbol{a}$. 即若 $\boldsymbol{a}(\boldsymbol{a}\neq\boldsymbol{0})$ 与 $\boldsymbol{b}$ 共线，则有且只有一个实数 $\lambda$，使 $\boldsymbol{b}=\lambda\boldsymbol{a}$.

**2. 平面向量基本定理**

**定理** 如果 $\boldsymbol{e}_1,\boldsymbol{e}_2$ 是同一平面内的两个不共线向量，那么对于这一平面内的任一向量 $\boldsymbol{a}$，有且只有一对实数 $\lambda_1,\lambda_2$ 使得

$$\boldsymbol{a}=\lambda_1\boldsymbol{e}_1+\lambda_2\boldsymbol{e}_2$$

**证明** 在平面内任取一点 $O$，作 $\boldsymbol{OA}=\boldsymbol{e}_1$，$\boldsymbol{OB}=\boldsymbol{e}_2$，$\boldsymbol{OC}=\boldsymbol{a}$，如图 8-14 所示.

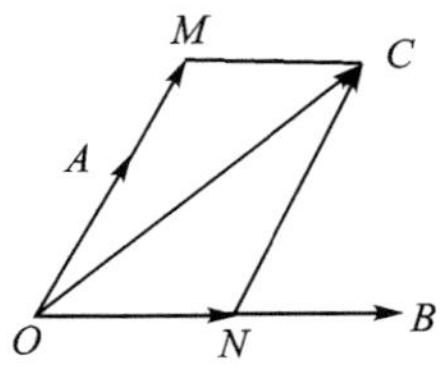

图 8-14

过点 $C$ 作平行于直线 $OB$ 的直线，与直线 $OA$ 相交于 $M$；过点 $C$ 作平行于直线 $OA$ 的直线，与直线 $OB$ 相交于点 $N$，则有且只有一对实数 $\lambda_1,\lambda_2$ 使 $\boldsymbol{OM}=\lambda_1\boldsymbol{e}_1$，$\boldsymbol{ON}=\lambda_2\boldsymbol{e}_2$. 又由

$$\boldsymbol{OC}=\boldsymbol{OM}+\boldsymbol{ON},$$

所以

$$\boldsymbol{a}=\lambda\boldsymbol{e}_1+\lambda\boldsymbol{e}_2.$$

今后把不共线的向量 $\boldsymbol{e}_1,\boldsymbol{e}_2$ 称为表示这一平面内所有向量的一组基底.

## ★ 知识巩固

**例 1** 计算下列各式.

(1) $(-4)\times3\boldsymbol{a}$；

(2) $3(\boldsymbol{a}-\boldsymbol{b})-2(\boldsymbol{a}+\boldsymbol{b})-2\boldsymbol{a}$；

(3) $(3\boldsymbol{a}-2\boldsymbol{b}+\boldsymbol{c})-(2\boldsymbol{a}+3\boldsymbol{b}-\boldsymbol{c})$.

**解** (1) 原式 $=(-4\times3)\boldsymbol{a}=-12\boldsymbol{a}$；

(2) 原式 $=3\boldsymbol{a}-3\boldsymbol{b}-2\boldsymbol{a}-2\boldsymbol{b}-2\boldsymbol{a}=-\boldsymbol{a}-5\boldsymbol{b}$；

(3) 原式 $=3\boldsymbol{a}-2\boldsymbol{b}+\boldsymbol{c}-2\boldsymbol{a}-3\boldsymbol{b}+\boldsymbol{c}=\boldsymbol{a}-5\boldsymbol{b}+2\boldsymbol{c}$.

**例 2** 判断下列各小题中的向量 $\boldsymbol{a}$ 与 $\boldsymbol{b}$ 是否共线.

(1) $\boldsymbol{a}=\boldsymbol{e}_1-\boldsymbol{e}_2$，$\boldsymbol{b}=-2\boldsymbol{e}_1+2\boldsymbol{e}_2$；

(2) $\boldsymbol{a}=4\boldsymbol{e}_1-\dfrac{2}{5}\boldsymbol{e}_2$，$\boldsymbol{b}=\boldsymbol{e}_1-\dfrac{1}{10}\boldsymbol{e}_2$.

**解** (1) 由

$$\boldsymbol{b}=-2\boldsymbol{e}_1+2\boldsymbol{e}_2=-2(\boldsymbol{e}_1-\boldsymbol{e}_2)=-2\boldsymbol{a},$$

所以向量 $\boldsymbol{a}$ 与 $\boldsymbol{b}$ 共线.

(2) 由

$$\boldsymbol{b}=\boldsymbol{e}_1-\frac{1}{10}\boldsymbol{e}_2=\frac{1}{4}\left(4\boldsymbol{e}_1-\frac{2}{5}\boldsymbol{e}_2\right)=\frac{1}{4}\boldsymbol{a},$$

所以向量 $\boldsymbol{a}$ 与 $\boldsymbol{b}$ 共线.

**例 3**　如图 8－15 所示，$\square ABCD$ 的对角线相交于点 $O$，且 $\boldsymbol{AB}=\boldsymbol{a}$，$\boldsymbol{AD}=\boldsymbol{b}$，用 $\boldsymbol{a}$，$\boldsymbol{b}$ 表示 $\boldsymbol{OA}$，$\boldsymbol{OB}$.

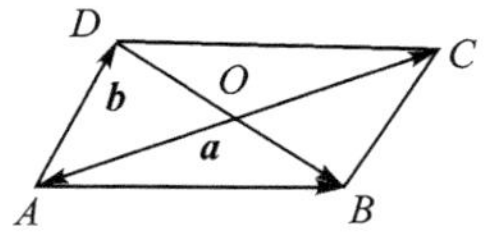

图 8－15

**解**　在$\square ABCD$ 中

由
$$\boldsymbol{AC}=\boldsymbol{AB}+\boldsymbol{BC}=\boldsymbol{AB}+\boldsymbol{AD}=\boldsymbol{a}+\boldsymbol{b},$$
$$\boldsymbol{DB}=\boldsymbol{AB}-\boldsymbol{AD}=\boldsymbol{a}-\boldsymbol{b},$$
有
$$\boldsymbol{OA}=-\frac{1}{2}\boldsymbol{AC}=-\frac{1}{2}(\boldsymbol{a}+\boldsymbol{b})=-\frac{1}{2}\boldsymbol{a}-\frac{1}{2}\boldsymbol{b},$$
$$\boldsymbol{OB}=\frac{1}{2}\boldsymbol{DB}=\frac{1}{2}(\boldsymbol{a}-\boldsymbol{b})=\frac{1}{2}\boldsymbol{a}-\frac{1}{2}\boldsymbol{b}.$$

## 课堂练习 8.3

1. 点 $C$ 在线段 $AB$ 上，且$\frac{AC}{CB}=\frac{3}{2}$，则 $\boldsymbol{AC}=$________ $\boldsymbol{AB}$，$\boldsymbol{BC}=$________ $\boldsymbol{AB}$.

2. 判断下列各小题中的向量 $\boldsymbol{a}$ 与 $\boldsymbol{b}$ 是否共线.

(1) $\boldsymbol{a}=-2\boldsymbol{e}$，$\boldsymbol{b}=4\boldsymbol{e}$；

(2) $\boldsymbol{a}=\boldsymbol{e}_1-\boldsymbol{e}_2$，$\boldsymbol{b}=-3\boldsymbol{e}_1+3\boldsymbol{e}_2$.

3. 化简

(1) $5(2\boldsymbol{a}-2\boldsymbol{b})+4(2\boldsymbol{b}-3\boldsymbol{a})$；

(2) $6(\boldsymbol{a}-2\boldsymbol{b}+\boldsymbol{c})-4(\boldsymbol{a}-\boldsymbol{b}+\boldsymbol{c})$；

(3) $\frac{1}{3}(\boldsymbol{a}-2\boldsymbol{b})+\frac{1}{4}(3\boldsymbol{a}+\boldsymbol{b})-\frac{1}{2}(\boldsymbol{a}+\boldsymbol{b})$.

## 习题 8.3

1. 化简

(1) $\frac{1}{2}\left[(2\boldsymbol{a}-3\boldsymbol{b})+5\boldsymbol{b}-\frac{1}{3}(9\boldsymbol{a}+6\boldsymbol{b})\right]$；

(2) $(x+y)(\boldsymbol{a}-\boldsymbol{b})-(x-y)(\boldsymbol{a}+\boldsymbol{b})$.

2. 若 $\boldsymbol{a}=2\boldsymbol{e}_1+\boldsymbol{e}_2$，$\boldsymbol{b}=\boldsymbol{e}_1-\boldsymbol{e}_2$，求 $\boldsymbol{a}+\boldsymbol{b}$，$\boldsymbol{a}-\boldsymbol{b}$，$2\boldsymbol{a}-3\boldsymbol{b}$.

3. 若向量 $\boldsymbol{a}$，$\boldsymbol{b}$ 满足$\frac{\boldsymbol{a}+3\boldsymbol{b}}{5}-\frac{\boldsymbol{a}-\boldsymbol{b}}{2}=\frac{1}{5}(3\boldsymbol{a}+2\boldsymbol{b})$，求证：向量 $\boldsymbol{a}$ 与 $\boldsymbol{b}$ 共线.

4. 设 $\boldsymbol{e}_1$，$\boldsymbol{e}_2$ 是两个不共线的向量，若 $\boldsymbol{AB}=2\boldsymbol{e}_1+k\boldsymbol{e}_2$，$\boldsymbol{CB}=\boldsymbol{e}_1+3\boldsymbol{e}_2$，$\boldsymbol{CD}=2\boldsymbol{e}_1-\boldsymbol{e}_2$，且 $A$，$B$，$D$ 三点共线，求实数 $k$ 的值.

# 8.4　平面向量的坐标运算

★ **新知识点**

**1. 平面向量的坐标表示**

如图 8－16 所示，在直角坐标系内，分别取与 $x$ 轴、$y$ 轴方向相同的两个单位向量 $\boldsymbol{i}$、$\boldsymbol{j}$ 作为基底，任作一个向量 $\boldsymbol{a}$，由平面向量基本定理知，有且只有一对实数 $x$，$y$，使得

$$\boldsymbol{a}=x\boldsymbol{i}+y\boldsymbol{j}$$

成立,称$(x,y)$为向理 $\boldsymbol{a}$ 的直角坐标,记作 $\boldsymbol{a}=(x,y)$. 其中 $x$ 称为 $\boldsymbol{a}$ 在 $x$ 轴上的坐标,$y$ 称为 $\boldsymbol{a}$ 在 $y$ 轴上的坐标,式子 $\boldsymbol{a}=(x,y)$称为向量 $\boldsymbol{a}$ 的坐标表示.

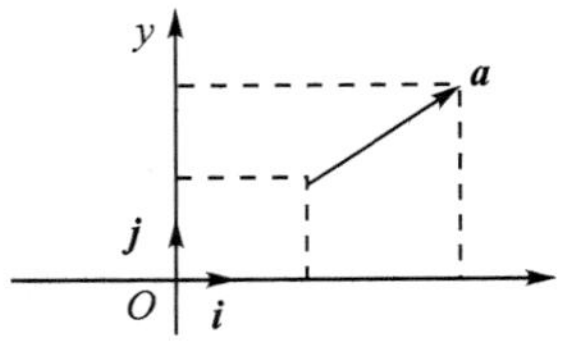

图 8-16

显然,$\boldsymbol{i}=(1,0)$,$\boldsymbol{j}=(0,1)$.

**提醒:**(1) 与向量 $\boldsymbol{a}$ 相等的向量坐标也为$(x,y)$.

(2) 在平面直角坐标系内,每一个平面向量 $\boldsymbol{a}=\boldsymbol{OA}=x\boldsymbol{i}+y\boldsymbol{j}$ 都可以用一对实数$(x,y)$唯一表示,即 $A$ 点的位置由向量 $\boldsymbol{a}$ 唯一确定.

**2. 平面向量的坐标运算**

(1) 向量的加法与减法

若 $\boldsymbol{a}=(x_1,y_1)$,$\boldsymbol{b}=(x_2,y_2)$,则

$$\begin{aligned}\boldsymbol{a}\pm\boldsymbol{b}&=(x_1\boldsymbol{i}+y_1\boldsymbol{j})\pm(x_2\boldsymbol{i}+y_2\boldsymbol{j})\\&=(x_1\pm x_2)\boldsymbol{i}+(y_1\pm y_2)\boldsymbol{j}\\&=(x_1\pm x_2,y_1\pm y_2).\end{aligned}$$

(2) 实数与向量的积

若 $\boldsymbol{a}=(x,y)$和 $\lambda$ 为实数,则

$$\lambda\boldsymbol{a}=\lambda(x\boldsymbol{i}+y\boldsymbol{j})=\lambda x\boldsymbol{i}+\lambda y\boldsymbol{j}=(\lambda x,\lambda y).$$

(3) 有向线段坐标表示

若 $A(x_1,y_1)$,$B(x_2,y_2)$,则

$$\boldsymbol{AB}=\boldsymbol{OB}-\boldsymbol{OA}=(x_2,y_2)-(x_1,y_1)=(x_2-x_1,y_2-y_1).$$

**3. 向量平行的坐标表示**

设 $\boldsymbol{a}=(x_1,y_1)$,$\boldsymbol{b}=(x_2,y_2)$,其中 $\boldsymbol{b}\neq 0$,由共线向量充要条件知:$\boldsymbol{a}/\!/\boldsymbol{b}$ 的充要条件是存在一个实数 $\lambda$,使 $\boldsymbol{a}=\lambda\boldsymbol{b}$. 也就是说,$\boldsymbol{a}/\!/\boldsymbol{b}$ 的充要条件是存在一个实数 $\lambda$,使$(x_1,y_1)=\lambda(x_2,y_2)$,即

$$x_1=\lambda x_2 \text{ 且 } y_1=\lambda y_2.$$

消去 $\lambda$ 后得

$$x_1y_2-x_2y_1=0.$$

从而,$\boldsymbol{a}/\!/\boldsymbol{b}$ 的充要条件是 $x_1y_2-x_2y_1=0$.

## ★ 知识巩固

**例 1** 已知 $\boldsymbol{a}=(2,1)$,$\boldsymbol{b}=(1,-2)$. 求:(1) $\boldsymbol{a}+\boldsymbol{b}$;(2) $\boldsymbol{a}-\boldsymbol{b}$;(3) $2\boldsymbol{a}+3\boldsymbol{b}$.

**解** (1) $\boldsymbol{a}+\boldsymbol{b}=(2,1)+(1,-2)=(3,-1)$;

(2) $\boldsymbol{a}-\boldsymbol{b}=(2,1)-(1,-2)=(1,3)$;

(3) $2\boldsymbol{a}+3\boldsymbol{b}=2(2,1)+3(1,-2)=(4,2)+(3,-6)=(7,-4)$.

**例 2** 已知$\square ABCD$ 中 $A$,$B$,$C$ 的坐标分别为$(3,4)$,$(-1,3)$,$(1,-2)$,求顶点 $D$ 的坐标.

**解** 设顶点 $D$ 的坐标为$(x,y)$.

$$\boldsymbol{AB}=(-1,3)-(3,4)=(-4,-1),$$

$$\boldsymbol{DC}=(1,-2)-(x,y)=(1-x,-2-y),$$

又 $\boldsymbol{AB}=\boldsymbol{DC}$，即

$$(-4,-1)=(1-x,-2-y).$$

于是

$$\begin{cases}-4=1-x,\\-1=-2-y.\end{cases}$$

所以

$$\begin{cases}x=5,\\y=-1.\end{cases}$$

故顶点 $D$ 的坐标为$(5,-1)$，

**例 3**　若 $\boldsymbol{a}=(2,1)$，$\boldsymbol{b}=(3,y)$且 $\boldsymbol{a}/\!/\boldsymbol{b}$，求 $y$.

**解**　由 $\boldsymbol{a}/\!/\boldsymbol{b}$，有 $2y-1\times3=0$. 即 $y=\dfrac{3}{2}$.

## 课堂练习 8.4

1. 已知向量 $\boldsymbol{a}$，$\boldsymbol{b}$ 的坐标，求 $\boldsymbol{a}+\boldsymbol{b}$，$\boldsymbol{a}-\boldsymbol{b}$ 的坐标.

(1) $\boldsymbol{a}=(4,-2)$，$\boldsymbol{b}=(3,1)$；

(2) $\boldsymbol{a}=(3,4)$，$\boldsymbol{b}=(2,1)$.

2. 若 $\boldsymbol{a}=(1,2)$，$\boldsymbol{b}=(-1,0)$，求 $3\boldsymbol{a}+2\boldsymbol{b}$，$2\boldsymbol{a}-3\boldsymbol{b}$ 的坐标.

3. 已知 $A$，$B$ 两点的坐标，求 $\boldsymbol{AB}$，$\boldsymbol{BA}$ 的坐标.

(1) $A(1,2)$，$B(5,7)$；　　　　(2) $A(2,3)$，$B(4,6)$；

4. 已知 $A(-1,-1)$，$B(1,3)$，$C(2,5)$，求证 $A$、$B$、$C$ 三点共线.

## 习题 8.4

1. 已知▱$ABCD$ 的顶点 $A(-1,-2)$，$B(3,-1)$，$C(5,6)$，求顶点 $D$ 的坐标.

2. 已知 $A(1,2)$，$B(-3,-4)$，$C(2,3.5)$，证明 $A$，$B$，$C$ 三点共线.

3. 若 $\boldsymbol{a}+\boldsymbol{b}=(2,-8)$，$\boldsymbol{a}-\boldsymbol{b}=(-8,16)$，求 $\boldsymbol{a}$ 和 $\boldsymbol{b}$.

4. 已知 $\boldsymbol{a}=(2,-1)$，$\boldsymbol{b}=(x,2)$，$\boldsymbol{c}=(-3,y)$，且 $\boldsymbol{a}/\!/\boldsymbol{b}/\!/\boldsymbol{c}$，求 $x$ 和 $y$ 的值.

5. 已知 $\boldsymbol{a}$ 的模 $|\boldsymbol{a}|=10$，$b=(3,-4)$，且 $\boldsymbol{a}/\!/\boldsymbol{b}$，求向量 $\boldsymbol{a}$.（提示：向量 $\boldsymbol{a}=(x,y)$的模 $|\boldsymbol{a}|=\sqrt{x^2+y^2}$）

# 8.5　平面向量的数量积及运算律

### ★ 新知识点

**1. 向量的夹角**

(1) 定义：已知两个非零向量 $\boldsymbol{a}$ 和 $\boldsymbol{b}$（见图 8－17），作 $\boldsymbol{OA}=\boldsymbol{a}$，$\boldsymbol{OB}=\boldsymbol{b}$，称$\angle AOB=\theta(0°\leqslant\theta\leqslant180°)$为向量 $\boldsymbol{a}$ 与 $\boldsymbol{b}$ 的夹角，记作$\langle\boldsymbol{a},\boldsymbol{b}\rangle=\angle AOB=\theta$.

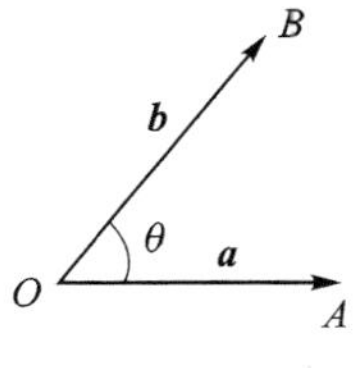

**图 8－17**

(2) 分类：

当 $\theta=0°$时，$\boldsymbol{a}$ 与 $\boldsymbol{b}$ 同向共线；

当 $\theta=180°$时,$\boldsymbol{a}$ 与 $\boldsymbol{b}$ 反向共线;

当 $\theta=90°$时,$\boldsymbol{a}$ 与 $\boldsymbol{b}$ 垂直,记为 $\boldsymbol{a}\perp\boldsymbol{b}$.

**2. 平面向量的数量积概念**

(1) 数量积定义:对于两个非零向量 $\boldsymbol{a}$ 和 $\boldsymbol{b}$,它们的夹角为 $\theta$,数量 $|\boldsymbol{a}|\cdot|\boldsymbol{b}|\cdot\cos\theta$ 称为 $\boldsymbol{a}$ 与 $\boldsymbol{b}$ 的数量积(内积),记作 $\boldsymbol{a}\cdot\boldsymbol{b}$,即

$$\boldsymbol{a}\cdot\boldsymbol{b}=|\boldsymbol{a}||\boldsymbol{b}|\cos\theta.$$

规定:零向量与任一向量的数量积为 0.

(2) 向量的投影定义:如图 8-18 所示,$\boldsymbol{OA}=\boldsymbol{a}$,$\boldsymbol{OB}=\boldsymbol{b}$,过点 $B$ 作 $BB_1$ 垂直于直线 $OA$,垂足为 $B_1$,称 $|b|\cos\theta$($\theta$ 是 $\boldsymbol{a}$ 与 $\boldsymbol{b}$ 夹角)为向量 $\boldsymbol{b}$ 在 $\boldsymbol{a}$ 方向上的投影.

当 $\theta$ 为锐角时(见图 8-18(a)),$\boldsymbol{b}$ 在 $\boldsymbol{a}$ 方向上的投影 $|\boldsymbol{b}|\cos\theta$ 为正值;

当 $\theta$ 为钝角时(见图 8-18(b)),$\boldsymbol{b}$ 在 $\boldsymbol{a}$ 方向上的投影 $|\boldsymbol{b}|\cos\theta$ 为负值;

当 $\theta$ 为 $90°$时(见图 8-18(c)),$\boldsymbol{b}$ 在 $\boldsymbol{a}$ 方向上的投影 $|\boldsymbol{b}|\cos\theta$ 为 0.

特别是 $\theta=0°$和 $\theta=180°$时,$\boldsymbol{b}$ 在 $\boldsymbol{a}$ 方向上投影的 $|\boldsymbol{b}|\cos\theta$ 分别为正值 $|\boldsymbol{b}|$ 和负值 $-|\boldsymbol{b}|$.

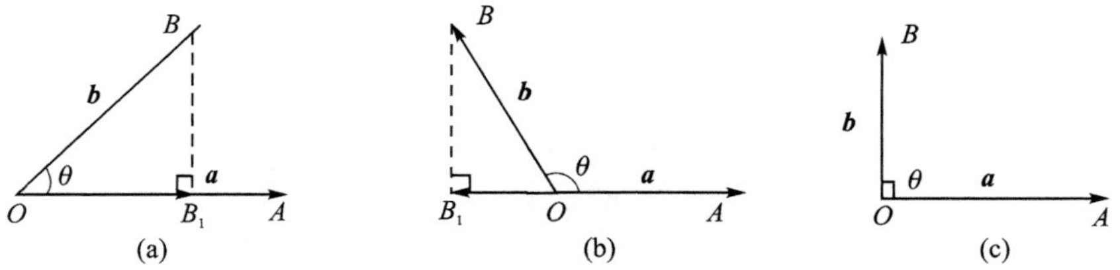


**图 8-18**

(3) 数量积 $\boldsymbol{a}\cdot\boldsymbol{b}$ 的几何意义:数量积 $\boldsymbol{a}\cdot\boldsymbol{b}$ 等于 $\boldsymbol{a}$ 的长度 $|\boldsymbol{a}|$ 与 $\boldsymbol{b}$ 在 $\boldsymbol{a}$ 方向上的投影 $|\boldsymbol{b}|\cos\theta$ 的乘积.

**3. 平面向量数量积的性质**

设 $\boldsymbol{a}$,$\boldsymbol{b}$ 都是非零向量,$\theta$ 是 $\boldsymbol{a}$ 与 $\boldsymbol{b}$ 的夹角,则 $\boldsymbol{a}\cdot\boldsymbol{b}$ 具有下列性质:

(1) $\boldsymbol{a}\perp\boldsymbol{b}\Leftrightarrow\boldsymbol{a}\cdot\boldsymbol{b}=0$.

(2) 当 $\boldsymbol{a}$ 与 $\boldsymbol{b}$ 同向时,$\boldsymbol{a}\cdot\boldsymbol{b}=|\boldsymbol{a}|\cdot|\boldsymbol{b}|$;当 $\boldsymbol{a}$ 与 $\boldsymbol{b}$ 反向时,$\boldsymbol{a}\cdot\boldsymbol{b}=-|\boldsymbol{a}|\cdot|\boldsymbol{b}|$. 特别地,$\boldsymbol{a}\cdot\boldsymbol{a}=(\boldsymbol{a})^2=|\boldsymbol{a}|^2$ 或 $|\boldsymbol{a}|=\sqrt{\boldsymbol{a}\cdot\boldsymbol{a}}$.

(3) $\cos\theta=\dfrac{\boldsymbol{a}\cdot\boldsymbol{b}}{|\boldsymbol{a}|\cdot|\boldsymbol{b}|}$.

(4) $|\boldsymbol{a}\cdot\boldsymbol{b}|\leqslant|\boldsymbol{a}|\cdot|\boldsymbol{b}|$.

**4. 平面向量数量积的运算律**

已知向量 $\boldsymbol{a}$,$\boldsymbol{b}$,$\boldsymbol{c}$ 和实数 $\lambda$,则平面向量数量和满足下列运算律:

(1) $\boldsymbol{a}\cdot\boldsymbol{b}=\boldsymbol{b}\cdot\boldsymbol{a}$.

(2) $(\lambda\boldsymbol{a})\cdot\boldsymbol{b}=\lambda(\boldsymbol{a}\cdot\boldsymbol{b})=\boldsymbol{a}\cdot(\lambda\boldsymbol{b})$.

(3) $(\boldsymbol{a}+\boldsymbol{b})\cdot\boldsymbol{c}=\boldsymbol{a}\cdot\boldsymbol{c}+\boldsymbol{b}\cdot\boldsymbol{c}$.

**提醒**:向量的数量积不满足结合律.

## ★ 知识巩固

**例 1** 若 $|\boldsymbol{a}|=5$,$|\boldsymbol{b}|=4$,$\boldsymbol{a}$ 与 $\boldsymbol{b}$ 的夹角 $\theta=60°$,求 $\boldsymbol{a}\cdot\boldsymbol{b}$.

**解**
$$\boldsymbol{a}\cdot\boldsymbol{b}=|\boldsymbol{a}|\cdot|\boldsymbol{b}|\cos\theta$$
$$=5\times4\times\cos60^\circ=5\times4\times\frac{1}{2}=10.$$

**例 2**　若$|\boldsymbol{a}|=6$，$|\boldsymbol{b}|=4$，$\boldsymbol{a}$ 与 $\boldsymbol{b}$ 的夹角为 $120^\circ$，求$(\boldsymbol{a}-2\boldsymbol{b})(\boldsymbol{a}+3\boldsymbol{b})$.

**解**
$$(\boldsymbol{a}-2\boldsymbol{b})(\boldsymbol{a}+3\boldsymbol{b})$$
$$=(\boldsymbol{a})^2+\boldsymbol{a}\cdot\boldsymbol{b}-6(\boldsymbol{b})^2$$
$$=|\boldsymbol{a}|^2+|\boldsymbol{a}|\cdot|\boldsymbol{b}|\cos120^\circ-6|\boldsymbol{b}|^2$$
$$=6^2+6\times4\times\left(-\frac{1}{2}\right)-6\times4^2$$
$$=36-12-96=-72.$$

**例 3**　若$|\boldsymbol{a}|=2$，$|\boldsymbol{b}|=3$，且 $\boldsymbol{a}$ 与 $\boldsymbol{b}$ 不共线，$k$ 为何值时，向量 $\boldsymbol{a}+k\boldsymbol{b}$ 与 $\boldsymbol{a}-k\boldsymbol{b}$ 互相垂直.

**解**　由 $\boldsymbol{a}+k\boldsymbol{b}$ 与 $\boldsymbol{a}-k\boldsymbol{b}$ 互相垂直，有
$$(\boldsymbol{a}+k\boldsymbol{b})\cdot(\boldsymbol{a}-k\boldsymbol{b})=0.$$
即
$$(\boldsymbol{a})^2-k^2(\boldsymbol{b})^2=0$$
$$|\boldsymbol{a}|^2-k^2\cdot|\boldsymbol{b}|^2=0$$
又由$|\boldsymbol{a}|=2$，$|\boldsymbol{b}|=3$，有
$$2^2-k^2\times3^2=0,$$
所以
$$k=\pm\frac{2}{3}.$$
故 $k=\pm\dfrac{2}{3}$时，向量 $\boldsymbol{a}+k\boldsymbol{b}$ 与 $\boldsymbol{a}-k\boldsymbol{b}$ 垂直.

### 课堂练习 8.5

1. 若$|\boldsymbol{a}|=4$，$|\boldsymbol{b}|=3$，$\boldsymbol{a}$ 与 $\boldsymbol{b}$ 的夹角为 $60^\circ$，求 $\boldsymbol{a}\cdot\boldsymbol{b}$ 的值.
2. 若$|\boldsymbol{a}|=4$，$|\boldsymbol{b}|=3$，$\boldsymbol{a}\cdot\boldsymbol{b}=-6\sqrt{2}$，求 $\boldsymbol{a}$ 和 $\boldsymbol{b}$ 的夹角 $\theta$.
3. 在$\triangle ABC$ 中，$\boldsymbol{AB}=\boldsymbol{a}$，$\boldsymbol{AC}=\boldsymbol{b}$，当 $\boldsymbol{a}\cdot\boldsymbol{b}<0$，$\boldsymbol{a}\cdot\boldsymbol{b}=0$ 时，$\triangle ABC$ 各是什么三角形.

## 习题 8.5

1. 若$|\boldsymbol{a}|=4$，$|\boldsymbol{b}|=5$，①$\boldsymbol{a}/\!/\boldsymbol{b}$；②$\boldsymbol{a}\perp\boldsymbol{b}$；③$\boldsymbol{a}$ 与 $\boldsymbol{b}$ 的夹角是 $60^\circ$时，求 $\boldsymbol{a}$ 与 $\boldsymbol{b}$ 的数量积.
2. 若$|\boldsymbol{a}|=5$，$|\boldsymbol{b}|=4$，且 $\boldsymbol{a}\cdot\boldsymbol{b}=-10$，求 $\boldsymbol{a}$ 与 $\boldsymbol{b}$ 的夹角 $\theta$.
3. 若$|\boldsymbol{a}|=6$，$|\boldsymbol{b}|=4$，$\boldsymbol{a}$ 与 $\boldsymbol{b}$ 的夹角为$\dfrac{\pi}{3}$，求：(1) $\boldsymbol{a}\cdot\boldsymbol{b}$；(2) $\boldsymbol{a}^2$，$\boldsymbol{b}^2$.
4. 若$|\boldsymbol{a}|=2$，$|\boldsymbol{b}|=3$，$\boldsymbol{a}$ 与 $\boldsymbol{b}$ 的夹角为 $120^\circ$，求：(1) $\boldsymbol{a}\cdot\boldsymbol{b}$；(2) $\boldsymbol{a}^2-\boldsymbol{b}^2$；(3) $(2\boldsymbol{a}-\boldsymbol{b})(\boldsymbol{a}+3\boldsymbol{b})$；(4) $|\boldsymbol{a}+\boldsymbol{b}|$；(5) $|\boldsymbol{a}-\boldsymbol{b}|$.

# 8.6 平面向量数量积的坐标表示

## ★ 新知识点

**1. 数量积的坐标表示概念**

如图 8-19 所示,有两个非零向量 $\boldsymbol{a}=(x_1,y_1)$,$\boldsymbol{b}=(x_2,y_2)$. 由 $x$ 轴上单位向量 $\boldsymbol{i}$ 和 $y$ 轴上单位向量 $\boldsymbol{j}$,易知:

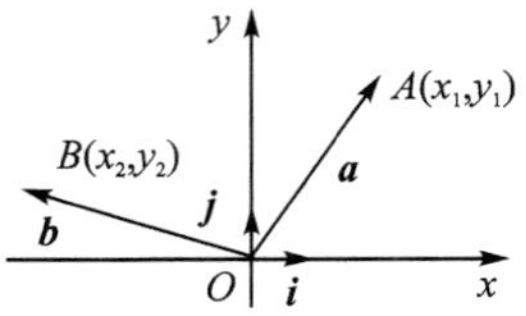

图 8-19

$$\boldsymbol{i}\cdot\boldsymbol{i}=1,\quad \boldsymbol{j}\cdot\boldsymbol{j}=1,$$
$$\boldsymbol{i}\cdot\boldsymbol{j}=0,\quad \boldsymbol{j}\cdot\boldsymbol{i}=0.$$

又
$$\boldsymbol{a}=x_1\boldsymbol{i}+y_1\boldsymbol{j},\boldsymbol{b}=x_2\boldsymbol{i}+y_2\boldsymbol{j},$$

则

$$\begin{aligned}\boldsymbol{a}\cdot\boldsymbol{b}&=(x_1\boldsymbol{i}+y_1\boldsymbol{j})(x_2\boldsymbol{i}+y_2\boldsymbol{j})\\&=x_1x_2\boldsymbol{i}^2+x_1y_2\boldsymbol{i}\cdot\boldsymbol{j}+x_2y_1\boldsymbol{j}\cdot\boldsymbol{i}+y_1y_2\boldsymbol{j}^2\\&=x_1x_2+y_1y_2.\end{aligned}$$

故两个向量的数量积等于它们对应坐标的乘积的和,即

$$\boldsymbol{a}\cdot\boldsymbol{b}=x_1x_2+y_1y_2.$$

**2. 数量积的坐标表示应用**

(1) 若 $\boldsymbol{a}=(x,y)$,则 $|\boldsymbol{a}|^2=x^2+y^2$ 或 $|\boldsymbol{a}|=\sqrt{x^2+y^2}$.

(2) 若表示向量 $\boldsymbol{a}$ 的有向线段的始点和终点坐标分别为 $(x_1,y_1)$,$(x_2,y_2)$,则

$$|\boldsymbol{a}|=\sqrt{(x_1-x_2)^2+(y_1-y_2)^2},$$

这就是平面内两点间距离公式.

(3) 若 $\boldsymbol{a}=(x_1,y_1)$,$\boldsymbol{b}=(x_2,y_2)$,则

$$\boldsymbol{a}\perp\boldsymbol{b}\Leftrightarrow x_1x_2+y_1y_2=0.$$

## ★ 知识巩固

**例 1** 若 $\boldsymbol{a}=(1,2)$,$\boldsymbol{b}=(-2,3)$,求 $\boldsymbol{a}\cdot\boldsymbol{b}$.

**解** $\boldsymbol{a}\cdot\boldsymbol{b}=1\times(-2)+2\times3=-2+6=4$.

**例 2** 若 $A(-1,-4)$,$B(5,2)$,$C(3,4)$,求证:$\triangle ABC$ 是直角三角形.

**解** 由 $\boldsymbol{AB}=(5+1,2+4)=(6,6)$,$\boldsymbol{CB}=(5-3,2-4)=(2,-2)$,有

$$\boldsymbol{AB}\cdot\boldsymbol{CB}=6\times2+6\times(-2)=0,$$

所以
$$\boldsymbol{AB}\perp\boldsymbol{CB}.$$

故 $\triangle ABC$ 是直角三角形.

## 课堂练习 8.6

1. 若 $\boldsymbol{a}=(4,-3)$,$\boldsymbol{b}=(5,12)$,求 $\boldsymbol{a}\cdot\boldsymbol{b}$,$|\boldsymbol{a}|$,$|\boldsymbol{b}|$.

2. 若 $\boldsymbol{a}=(3,2)$,$\boldsymbol{b}=(1,2)$,$\boldsymbol{c}=(2,1)$,求 $\boldsymbol{a}\cdot\boldsymbol{b}$,$(\boldsymbol{a}+\boldsymbol{b})(\boldsymbol{a}-\boldsymbol{b})$,$\boldsymbol{a}\cdot(\boldsymbol{b}+\boldsymbol{c})$,$(\boldsymbol{a}+\boldsymbol{b})^2$.

3. 若 $A(1,2)$,$B(2,-3)$,$C(-2,5)$,求 $\triangle ABC$ 是直角三角形.

## 习题 8.6

1. 若 $\boldsymbol{a}=(-4,3)$，$\boldsymbol{b}=(5,6)$，求 $3|\boldsymbol{a}|^2-4\boldsymbol{a}\cdot\boldsymbol{b}$.
2. 若 $\boldsymbol{a}=(-1,2)$，$\boldsymbol{b}=(2,-1)$，求 $(\boldsymbol{a}\cdot\boldsymbol{b})(\boldsymbol{a}+\boldsymbol{b})$.
3. 若 $|\boldsymbol{a}|=3$，$\boldsymbol{b}=(1,2)$，且 $\boldsymbol{a}/\!/\boldsymbol{b}$，求 $\boldsymbol{a}$.
4. 若 $\boldsymbol{a}=(3,-4)$，$\boldsymbol{b}=(2,x)$，$\boldsymbol{c}=(2,y)$，且 $\boldsymbol{a}/\!/\boldsymbol{b}$，$\boldsymbol{a}\perp\boldsymbol{c}$. 求 $\boldsymbol{b}\cdot\boldsymbol{c}$ 及 $\boldsymbol{b}$ 和 $\boldsymbol{c}$ 的夹角.

## 本章小结

**1. 知识结构**

- 平面向量
  - 概念
    - 定义
    - 表示
      - 字母表示
      - 坐标表示
  - 运算
    - 向量加减法
      - 三角形法则
      - 平行四边形法则
      - 运算律
    - 实数与向量的积
      - 运算律
      - 共线充要条件
      - 基本定理
    - 向量的坐标运算
      - 运算律
      - 平行的主要条件
      - 垂直的主要条件
    - 向量的数量积
      - 表示方法
        - 向量式
        - 坐标式
      - 运算律

**2. 方法总结**

(1) 在复杂图形中，恰当选择两个不共线的非零向量作为基底表示其他向量，是向量问题的基本处理方法.

(2) 利用向量可研究解决三点共线、三线共点、两线平行等问题.

(3) 平面向量的坐标运算可将几何问题转化成代数问题.

(4) 求解向量问题，主要有两类解决方法：几何表示向量的几何法和坐标表示向量的代数法，具体解题方法要根据实际情况而定.

(5) 注意条件的细微区别：若 $\boldsymbol{a}=(x_1,y_1)$，$\boldsymbol{b}=(x_2,y_2)$，

$$\boldsymbol{a}/\!/\boldsymbol{b}\Leftrightarrow\frac{y_1}{x_1}=\frac{y_2}{x_2}\Leftrightarrow x_1y_2-x_2y_1=0.$$

$$\boldsymbol{a}\perp\boldsymbol{b}\Leftrightarrow\frac{y_1}{x_1}\cdot\frac{y_2}{x_2}=-1\Leftrightarrow x_1x_2+y_1y_2=0.$$

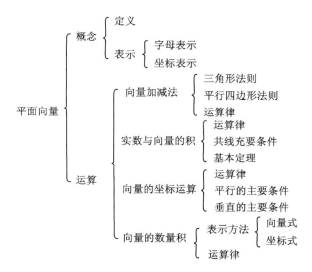

# 复习题 8

1. 选择题

(1) 下列各量中不是向量的是(　　).

A. 浮力　　B. 风速　　C. 位移　　D. 密度

(2) 下列等式不正确的是(　　).

A. $\boldsymbol{a}+\boldsymbol{0}=\boldsymbol{a}$　　B. $\boldsymbol{a}+\boldsymbol{b}=\boldsymbol{b}+\boldsymbol{a}$

C. $|\boldsymbol{a}+\boldsymbol{b}|=|\boldsymbol{a}|+|\boldsymbol{b}|$　　D. $\boldsymbol{AC}=\boldsymbol{DC}+\boldsymbol{BD}+\boldsymbol{AB}$

(3) 在$\triangle ABC$中,$\boldsymbol{BC}=\boldsymbol{a}$,$\boldsymbol{CA}=\boldsymbol{b}$,则$\boldsymbol{AB}=$(　　).

A. $\boldsymbol{a}+\boldsymbol{b}$　　B. $-\boldsymbol{a}+(-\boldsymbol{b})$　　C. $\boldsymbol{a}-\boldsymbol{b}$　　D. $\boldsymbol{b}-\boldsymbol{a}$

(4) 下列各式计算正确的是(　　).

A. $2(\boldsymbol{a}+\boldsymbol{b})+\boldsymbol{c}=2\boldsymbol{a}+\boldsymbol{b}+\boldsymbol{c}$　　B. $3(\boldsymbol{a}+\boldsymbol{b})+3(\boldsymbol{b}-\boldsymbol{a})=\boldsymbol{0}$

C. $\boldsymbol{AB}+\boldsymbol{BA}=2\boldsymbol{AB}$　　D. $\boldsymbol{a}+\boldsymbol{b}+2\boldsymbol{a}-4\boldsymbol{b}=3\boldsymbol{a}-3\boldsymbol{b}$

(5) 若$\boldsymbol{a}=(3,-1)$,$\boldsymbol{b}=(-1,2)$,则$-3\boldsymbol{a}-2\boldsymbol{b}=$(　　).

A. $(7,1)$　　B. $(-7,-1)$　　C. $(-7,1)$　　D. $(7,-1)$

(6) 若$\boldsymbol{a}=(2,3)$,$\boldsymbol{b}=(4,-1+x)$,且$\boldsymbol{a}/\!/\boldsymbol{b}$,则$x=$(　　).

A. 6　　B. 5　　C. 7　　D. 8

(7) 若向量$\boldsymbol{a}=(x+3,x^2-3x-4)$与$\boldsymbol{AB}$相等,且$A(1,2)$,$B(3,2)$,则$x=$(　　).

A. $-1$　　B. $-1$或4　　C. 4　　D. 1或$-4$

(8) 若$\boldsymbol{a}$、$\boldsymbol{b}$均是单位向量,下列结论正确的是(　　).

A. $\boldsymbol{a}\cdot\boldsymbol{b}=1$　　B. $\boldsymbol{a}\cdot\boldsymbol{b}=0$　　C. $\boldsymbol{a}=\boldsymbol{b}$　　D. $\boldsymbol{a}^2=\boldsymbol{b}^2$

(9) 若$|\boldsymbol{a}|=2$,$|\boldsymbol{b}|=\frac{1}{2}$,$\boldsymbol{a}$与$\boldsymbol{b}$的夹角为60°,则$\boldsymbol{a}\cdot\boldsymbol{b}=$(　　).

A. $\frac{1}{4}$　　B. $\frac{1}{2}$　　C. 1　　D. 2

(10) 若$\boldsymbol{a}=(-3,4)$,$\boldsymbol{b}=(5,12)$,则$\boldsymbol{a}$与$\boldsymbol{b}$夹角的余弦为(　　).

A. $\frac{63}{65}$　　B. $-\frac{63}{65}$　　C. $\frac{33}{65}$　　D. $-\frac{33}{65}$

2. 填空题

(1) 若向量$\boldsymbol{a}$与$\boldsymbol{b}$共线,$|\boldsymbol{a}|=|\boldsymbol{b}|=1$,则$|\boldsymbol{a}-\boldsymbol{b}|=$________.

(2) 若$\boldsymbol{AB}=(2,-1)$,$\boldsymbol{AC}=(-4,1)$,则$\boldsymbol{BC}=$________.

(3) 若$A(-1,-1)$,$B(1,3)$,$C(x,5)$三点共线,则$x=$________.

(4) 在$\triangle ABC$中,$a=5$,$b=8$,$C=60°$,则$\boldsymbol{BC}\cdot\boldsymbol{CA}=$________.

(5) 若$\boldsymbol{a}=(3,0)$,$\boldsymbol{b}=(x,5)$,且$\boldsymbol{a}$与$\boldsymbol{b}$的夹角为$\frac{3}{4}\pi$,则$x$的值为________.

3. 解答题

(1) 设$\boldsymbol{e}_1$,$\boldsymbol{e}_2$是两个不共线的向量,若$\boldsymbol{AB}=2\boldsymbol{e}_1+k\boldsymbol{e}_2$,$\boldsymbol{CB}=\boldsymbol{e}_1+3\boldsymbol{e}_2$,$\boldsymbol{CD}=2\boldsymbol{e}_1-\boldsymbol{e}_2$,且$A$,$B$,$D$三点共线,求实数$k$的值.

(2) 已知$\square ABCD$的顶点$A(-1,-2)$,$B(3,-1)$,$C(5,6)$,求顶点$D$的坐标.

（3）若 $|\boldsymbol{a}|=2\sin\frac{\pi}{24}$，$|\boldsymbol{b}|=4\cos\frac{\pi}{24}$，$\boldsymbol{a}$ 与 $\boldsymbol{b}$ 的夹角为 $\frac{\pi}{12}$，求 $\boldsymbol{a}\cdot\boldsymbol{b}$ 的值.

（4）已知向量 $\boldsymbol{a}(\sin\theta,1)$，$\boldsymbol{b}=(1,\cos\theta)$，$-\frac{\pi}{2}<\theta<\frac{\pi}{2}$.

① 若 $\boldsymbol{a}\perp\boldsymbol{b}$，求 $\theta$；

② 求 $|\boldsymbol{a}+\boldsymbol{b}|$ 的最大值.

# 趣味阅读

## 共线向量

一、共线向量的充要条件

定理：两个向量 $\boldsymbol{a}$、$\boldsymbol{b}$ 共线的充要条件是存在不全为 0 的实数 $m,n$，使得 $m\boldsymbol{a}+n\boldsymbol{b}=\boldsymbol{0}$.

推论 1：若 $\boldsymbol{a}$，$\boldsymbol{b}$ 不共线，则 $m\boldsymbol{a}+n\boldsymbol{b}=\boldsymbol{0}$ 成立的充要条件是 $m=n=0$.

推论 2：向量 $\boldsymbol{b}$ 与非零向量 $\boldsymbol{a}$ 共线的充要条件是存在唯一实数 $k$，使得 $\boldsymbol{b}=k\boldsymbol{a}$.

定义：设点 $O$ 为定点，点 $P$ 是任意一点，则称 $\boldsymbol{OP}$ 为点 $P$ 关于点 $O$ 的位置向量. 点 $P$ 关于原点 $O$ 的位置向量又称为向径（或矢径），记为 $\boldsymbol{P}$，即 $\boldsymbol{P}=\boldsymbol{OP}$.

定理：相异三点 $A,B,C$ 共线的充要条件是存在不全为 0 的实数 $m,n,l$，满足 $m+n+l=0$ 且 $m\boldsymbol{A}+n\boldsymbol{B}+l\boldsymbol{C}=0$ 成立.

推论 1：设三点 $A,B,C$ 不共线，若实数 $m,n,l$ 满足 $m+n+l=0$ 且 $m\boldsymbol{A}+n\boldsymbol{B}+l\boldsymbol{C}=0$ 同时成立，其充要条件是 $m=n=l=0$.

推论 2：设点 $A,B$ 互异，则点 $C$ 与点 $A,B$ 共线的充要条件是存在实数 $\lambda,u$，使 $\boldsymbol{C}=\lambda\boldsymbol{A}+u\boldsymbol{B}$ 且 $\lambda+u=1$，当且仅当点 $C$ 与点 $A,B$ 相异时，$\lambda$ 和 $u$ 均不为 0.

二、两个非零向量共线的充要条件

首先，两个非零向量 $\boldsymbol{a}$，$\boldsymbol{b}$ 共线的充要条件是 $\boldsymbol{a}\cdot\boldsymbol{b}=\pm|\boldsymbol{a}|\cdot|\boldsymbol{b}|$，其次，若 $\boldsymbol{a}=(x_1,y_1)$，$\boldsymbol{b}=(x_2,y_2)$，则 $\boldsymbol{a}/\!/\boldsymbol{b}$ 的充要条件是 $x_1y_2-x_2y_1=0$.

定理：两个非零向量 $\boldsymbol{a}$，$\boldsymbol{b}$ 共线的充要条件是存在唯一非零实数 $k$，有 $\boldsymbol{b}=k\boldsymbol{a}$.

推论 1：若 $\boldsymbol{a}$，$\boldsymbol{b}$ 不共线，$m\boldsymbol{a}+n\boldsymbol{b}=\boldsymbol{0}$ 的充要条件是 $m+n=0$.

推论 2：两个非零向量 $\boldsymbol{a}$，$\boldsymbol{b}$ 共线的充要条件是存在两个不全为 0 的实数 $m,n$，使 $m\boldsymbol{a}+n\boldsymbol{b}=\boldsymbol{0}$.

# 本册自测题 1

1. 选择题

(1) 若 $a$ 是实数集 $\mathbf{R}$ 的元素，但不是有理数集 $\mathbf{Q}$ 的元素，则 $a$ 可以是(　　).

A. 3.14　　B. $\sqrt{4}$　　C. $-5$　　D. $\sqrt{3}$

(2) 若全集 $U=\{3,5,7\}$，数集 $A=\{3,|x-7|\}$，且 $A$ 在 $U$ 中的补集 $\complement_U A=\{7\}$，则 $x=$(　　).

A. 2 或 12　　B. $-2$ 或 12　　C. 12　　D. 2

(3) 若关于 $x$ 的一元二次不等式 $ax^2+5x+c>0$ 的解集为 $\left(\frac{1}{3},\frac{1}{2}\right)$，则 $a+c=$(　　).

A. $-5$　　B. 5　　C. $-7$　　D. 7

(4) "$a+b>2c$"的充分条件是(　　).

A. $a<c$ 或 $b>c$　B. $a>c$ 且 $b<c$　C. $a>c$ 且 $b>c$　D. $a>c$ 或 $b<c$

(5) 下列两函数完全相同的是(　　).

A. $y=\frac{x^2}{x}$ 与 $y=x$　　B. $y=(\sqrt{x})^2$ 与 $y=x$

C. $y=|x|$ 与 $y=x$　　D. $y=\sqrt[3]{x^3}$ 与 $y=x$

(6) 函数 $y=x^2-4x+6$，$x\in[1,5)$ 的值域为(　　).

A. $[2,+\infty)$　　B. $[3,11)$　　C. $[2,11)$　　D. $[2,3)$

(7) 在 $\left(-\frac{1}{2}\right)^{-1}$，$2^{(-\frac{1}{2})}$，$\left(\frac{1}{2}\right)^{-\frac{1}{2}}$，$2^{-1}$ 中，最大的数是(　　).

A. $\left(-\frac{1}{2}\right)^{-1}$　　B. $2^{(-\frac{1}{2})}$　　C. $\left(\frac{1}{2}\right)^{-\frac{1}{2}}$　　D. $2^{-1}$

(8) 使 $\log_2(5-2x)=0$ 成立的 $x$ 的值为(　　).

A. $-2$　　B. $-1$　　C. 1　　D. 2

(9) 函数 $f(x)=\log_2 x-2(x\geqslant 2)$，则反函数 $f^{-1}(x)$ 的定义域是(　　).

A. $[-2,+\infty)$　B. $[-1,+\infty)$　C. $[2,+\infty)$　D. $\mathbf{R}$

(10) 若数列 $\{a_n\}$ 首项 $a_1=1$，且 $a_n=2a_{n-1}+1(n\geqslant 2)$，则 $a_5=$(　　).

A. 7　　B. 15　　C. 31　　D. 63

(11) 若 $m\neq n$，两个等差数列 $m,a_1,a_2,n$ 与 $m,b_1,b_2,b_3,n$ 的公差分别是 $d_1$ 和 $d_2$，则 $\frac{d_2}{d_1}$ $=$(　　).

A. $\frac{2}{3}$　　B. $\frac{3}{2}$　　C. $\frac{3}{4}$　　D. $\frac{4}{3}$

(12) 等比数列 $\{a_n\}$ 中，$a_6=6$，$a_9=9$，则 $a_3=$(　　).

A. 4　　B. 3　　C. 2　　D. $\frac{3}{2}$

2. 填空题

(1) 已知全集 $U=\mathbf{R}$，$A=\{x\mid(x-1)(x-2)(x+2)=0\}$，$B=\{y\mid y\geqslant 0\}$，则 $A\cap\complement_U B$ $=$________.

(2) 若函数 $y=f(x)$的定义域为$\{x|-1\leqslant x<1\}$,则 $f(2x-1)$定义域为________.

(3) 若 $f(x)+2f(-x)=3x+x^2$,则 $f(x)=$________.

(4) $\sqrt{(3-\pi)^2}+\sqrt{(4-\pi)^2}=$________.

(5) $(\log_6 3)^2+\log_6 18\cdot\log_6 2=$________.

(6) 在数列 1,1,2,3,5,8,$x$,21,34,55 中,$x=$________.

3. 解答题

(1) 若 $A=\{2,a,b\}$,$B=\{2a,2,b^2\}$,且 $A=B$,求 $a$ 和 $b$ 的值.

(2) 若二次函数 $y=f(x)$图像过点 $A(0,-3)$,$B\left(1,-\frac{5}{2}\right)$,$C(2,-3)$,①求二次函数 $y=f(x)$的解析式;②求此函数的值域.

(3) 解下列不等式:①$x^2-2x-3\leqslant 0$;②$x^2-x-2>0$.

(4) 若函数 $f(x)=-2x^2+3x+1$,①求函数的定义域;②求下列函数值 $f(0)$,$f(1)$,$f(2)$;③求此函数的值域.

(5) 若数列$\{a_n\}$的前 $n$ 项和 $S_n$ 满足:$a_n+2S_nS_{n-1}=0(n\geqslant 2)$,$a_1=1$,①证明数列$\left\{\frac{1}{S_n}\right\}$是等差数列;②求数$\{a_n\}$的通项式.

# 本册自测题 2

1. 选择题

(1) 在 360°~1080°之间与 30°终边相同的角的个数为(    ).

A. 1  B. 2  C. 3  D. 4

(2) 若 $\sin\alpha=\frac{12}{13}$,且 $\alpha$ 是第二象限,则 $\cos\alpha=$(    ).

A. $-\frac{5}{13}$  B. $\frac{5}{13}$  C. $-\frac{12}{13}$  D. $\frac{12}{13}$

(3) $\cos24°\cos36°-\sin24°\cdot\cos54°$的值等于(    ).

A. $-\frac{1}{2}$  B. 0  C. $\frac{1}{2}$  D. $\frac{\sqrt{3}}{2}$

(4) 若 $x\in\left(-\frac{\pi}{2},0\right)$,$\cos x=\frac{4}{5}$,则 $\tan 2x$ 等于(    ).

A. $\frac{7}{24}$  B. $-\frac{7}{24}$  C. $\frac{24}{7}$  D. $-\frac{24}{7}$

(5) 不等式 $\cos x<0$,$x\in[0,2\pi]$的解集为(    ).

A. $\left(0,\frac{\pi}{2}\right)$  B. $\left(\frac{\pi}{2},\frac{3}{2}\pi\right)$  C. $\left[\frac{\pi}{2},\frac{3}{2}\pi\right]$  D. $\left(\frac{\pi}{2},2\pi\right)$

(6) $y=\tan(\sin x)$的值域为(    ).

A. $\left[-\frac{\pi}{4},\frac{\pi}{4}\right]$  B. $\left[-\frac{\pi}{2},\frac{\pi}{2}\right]$  C. $\left[-\frac{\sqrt{2}}{2},\frac{\sqrt{2}}{2}\right]$  D. $[-\tan1,\tan1]$

(7) 若 $\pi\leqslant\alpha\leqslant\frac{3\pi}{2}$且 $\sin\alpha=-\frac{1}{4}$,则 $\alpha$ 可表示为

A. $\pi-\arcsin\dfrac{1}{4}$　　B. $\pi+\arcsin\dfrac{1}{4}$　　C. $\dfrac{3}{2}\pi-\arcsin\dfrac{1}{4}$　　D. $\dfrac{3}{2}\pi+\arcsin\dfrac{1}{4}$

(8) 平行四边形 $ABCD$ 中，$\boldsymbol{AB}=\boldsymbol{a}$，$\boldsymbol{AD}=\boldsymbol{b}$，则 $\boldsymbol{AC}-\boldsymbol{DB}$ 为(　　).

A. $\boldsymbol{a}+\boldsymbol{b}$　　B. $\boldsymbol{a}+\boldsymbol{a}$　　C. $\boldsymbol{b}+\boldsymbol{b}$　　D. 0

(9) 若 $\boldsymbol{a}=(\lambda,2)$，$\boldsymbol{b}=(-3,5)$且 $\boldsymbol{a}$ 与 $\boldsymbol{b}$ 的夹角为钝角，则 $\lambda$ 的取值范围是(　　).

A. $\lambda>\dfrac{10}{3}$　　B. $\lambda\geqslant\dfrac{10}{3}$　　C. $\lambda<\dfrac{10}{3}$　　D. $\lambda\leqslant\dfrac{10}{3}$.

(10) 在$\triangle ABC$ 中，若$\sqrt{3}a=2b\sin A$，则角 $B$ 为(　　).

A. $\dfrac{\pi}{3}$　　B. $\dfrac{\pi}{6}$　　C. $\dfrac{\pi}{3}$或$\dfrac{2}{3}\pi$　　D. $\dfrac{\pi}{6}$或$\dfrac{5}{6}\pi$

2. 填空题

(1) 若角 $\alpha$ 的终边过点 $P(-3,b)$，且 $\cos\alpha=-\dfrac{3}{5}$，则 $\sin\alpha=$________.

(2) $\dfrac{1-\sqrt{3}\tan75^\circ}{\sqrt{3}+\tan75^\circ}=$________.

(3) 若函数 $y=\sin(\omega x+\varphi)(\omega>0,-\pi<\varphi<\pi)$与 $x$ 轴的交点横坐标构成一个公差为 3 的等差数列，且最高点为(2,1)，则 $\omega=$________，$\varphi=$________.

(4) 若 $\boldsymbol{a}\perp\boldsymbol{b}$，$|\boldsymbol{a}|=12$，$|\boldsymbol{b}|=5$，则$|\boldsymbol{a}-\boldsymbol{b}|=$________.

(5) 在$\triangle ABC$ 中，若$|\boldsymbol{BC}|=5$，$|\boldsymbol{CA}|=6$，$|\boldsymbol{AB}|=7$，则 $\boldsymbol{BA}\cdot\boldsymbol{BC}=$________.

3. 解答题

(1) 求函数 $f(x)=2\cos\left(\dfrac{\pi}{3}+x\right)+2\cos x$ 的值域.

(2) 若 $\alpha,\beta\in\left(0,\dfrac{\pi}{2}\right)$，且 $\tan\alpha,\tan\beta$ 是方程 $x^2+3\sqrt{3}x+4=0$ 的两根，求 $\alpha+\beta$ 的值.

(3) 若 $\boldsymbol{a}=(-1,1)$，$\boldsymbol{b}=(4,3)$，$\boldsymbol{c}=(5,-2)$，

① 求 $\boldsymbol{a}$ 与 $\boldsymbol{b}$ 夹角的余弦值.

② 求 $\lambda_1$ 和 $\lambda_2$，使 $\boldsymbol{c}=\lambda_1\boldsymbol{a}+\lambda_2\boldsymbol{b}$.

(4) 在$\triangle ABC$ 中，$(a+b+c)(a+b-c)=3ab$，$2\cos A\sin B=\sin C$，判定$\triangle ABC$ 的形状.

# 习题参考答案

## 第 1 章　集　合

### 课堂练习 1.1.1

1. (1) 能　　(2)能　　(3)不能，对象不确定
2. $\notin, \notin, \in, \in, \in$.
3. (1) $\varnothing$　　(2) $\{-2,2\}$

### 课堂练习 1.1.2

1. (1) $\{-2,0\}$　　(2) $\left\{-\frac{1}{2}\right\}$　　(3) $\{1,4,9,16\}$　　(4) $\{1,3,5,7,\cdots\}$
2. (1) $\{x \mid |x|<3, x\in \mathbf{Z}\}$　　(2) $\{x \mid x>0\}$　　(3) $\{(x,y) \mid x>0, y<0\}$　　(4) $\{x \mid x<5\}$
3. $\{x \mid x\neq 1$ 且 $x\neq 3\}$

### 习题 1.1

1. (1) 有限集　　(2) 空集　　(3) 无限集　　(4) 无限集
2. (1) $\{1,3,5,7,8,10,12\}$　　(2) $\{-1,6\}$　　(3) $\{0,1,2,3\}$　　(4) $\{2,3,5,7,11,13\}$
3. (1) $\{x \mid x<4, x\in z\}$　　(2) $\{(x,y) \mid x=0\}$　　(3) $\{x \mid x=2k, k\in \mathbf{N}\}$　　(4) $\{x \mid x>3\}$
4. (1) $\{x \mid (x-1)(x-5)=0\}$　　(2) $\left\{\frac{-1-\sqrt{5}}{2}, \frac{-1+\sqrt{5}}{2}\right\}$

   (3) $\{x \mid x=2k, k\in \mathbf{N}^*\}$　　(4) $\{4,5,6\}$

### 课堂练习 1.2

1. (1) $\subsetneqq$　　(2) $=$　　(3) $\subsetneqq$　　(4) $\subsetneqq$　　(5) $\supsetneqq$　　(6) $\supsetneqq$
2. (1) $A\subsetneqq B$　　(2) $A\supsetneqq B$　　(3) $A=B$　　(4) $A\supsetneqq B$

### 习题 1.2

1. (1) $\notin$　　(2) $\in$　　(3) $\subsetneqq$　　(4) $=$　　(5) $\subsetneqq$　　(6) $\supsetneqq$
2. (1) $A\subsetneqq B$　　(2) $A\supsetneqq B$　　(3) $A=B$　　(4) $A\supsetneqq B$
3. $-1$ 和 2
4. $\{1\},\{2\},\{1,2\}$

### 课堂练习 1.3.1

1. $\{-1,1\}$　　2. $\left\{\left(2,\frac{1}{2}\right)\right\}$　　3. $\{x \mid 0\leqslant x<2\}$

## 课堂练习 1.3.2

1. $\{-1,0,1,2,4\}$　　2. $\{x \mid -2 \leqslant x \leqslant 2\}$

## 课堂练习 1.3.3

1. $\{x \mid -2 < x \leqslant -1$ 或 $1 < x < 2\}$
2. $\{1,5,6,7\}$,$\{1,2,3,7\}$,$\{1,2,3,5,6,7\}$,$\{1,7\}$

## 习题 1.3

1. $A \cap B = \{0\}$,$A \cup B = \{0,2\}$
2. $A \cap B = \{x \mid -2 \leqslant x \leqslant 3\}$,$A \cup B = \{x \mid -3 < x < 4\}$
3. $A \cap B = \varnothing$,$A \cup B = \{1,2,3,4,5,6\}$　$\complement_U A = \{1,3,5,7\}$　$\complement_U B = \{2,4,6,7\}$
4. (1) $\complement_U A = \{x \mid x < -1\}$　(2) $\{x \mid x \leqslant -2$ 或 $x > 3\}$

(3) $(\complement_U A) \cup (\complement_U B) = \{x \mid x < -1$ 或 $x > 3\}$　(4) $(\complement_U A) \cap (\complement_U B) = \{x \mid x \leqslant -2\}$

5. $x_1 = -4$,$x_2 = 2$,$y = 3$
6. $\complement_U (A \cap B) = \{2,3,5,7,11,17\}$,$A = \{3,5,13,19\}$,$B = \{7,11,13,19\}$

## 课堂练习 1.4

(1) $p$ 是 $q$ 的充分非必要条件

(2) $p$ 是 $q$ 的充分非必要条件

(3) $p$ 是 $q$ 的充要条件

(4) $p$ 是 $q$ 的必要非充分条件

## 习题 1.4

1. (1) 必要非充分条件　(2) 必要非充分条件　(3) 充分非必要条件

　(4) 充要条件　(5) 充分非必要条件　(6) 充要条件

2. (1) 充要条件　(2) 充要条件　(3) 必要条件

## 复习题 1

1. (1) B　(2) D　(3) B　(4) B　(5) C　(6) C　(7) C
2. (1) 充要　(2) 6　(3) $\{(3,1)\}$　(4) $\{1,2,3\}$
3. (1) $A \cap \varnothing = \varnothing$,$A \cup \varnothing = A$　(2) $A \cap \mathbf{R} = A$, $A \cup \mathbf{R} = \mathbf{R}$

(3) $\{x \mid x \leqslant -1$ 或 $x > 2\}$　(4) $A \cap (\complement_U A) = \varnothing$,$A \cap (\complement_U A) = \mathbf{R}$

4. (1) $A \cap B = \{0\}$,$A \cup B = \{-2,-1,0,1,2\}$

(2) $\complement_U A = \{-1,1\}$　$\complement_U B = \{-2,2\}$

(3) $A \cap (\complement_U B) = \{-2,2\}$　$(\complement_U B) \cup B = \{-1,1\}$

5. $M = \{0,1,2\}$ $M$ 的真子集为$\varnothing$,$\{0\}$,$\{1\}$,$\{2\}$,$\{0,1\}$,$\{0,2\}$,$\{1,2\}$

# 第 2 章　不等式

## 课堂练习 2.1.1

1. $\frac{1}{2}<\frac{2}{3}$
2. $ab^2<a^2b$

## 课堂练习 2.1.2

1. (1) 2　　(2) $-2$
2. (1) $>$　　(2) $<$　　(3) $>$　　(4) $>$

## 习题 2.1

1. (1) $<,>$　　(2) $>,>$　　(3) $>,<$　　(4) $>,<$
2. $a^2+2b^2>b(b-2a)$
3. (1) $x>1$　　(2) $x\leqslant 11$
4. $ab-a^2<b^2-ab$

## 课堂练习 2.2

1. $A\cup B=(-1,4)$，$A\cap B=[1,3]$
2. (1) $\complement_U A=(-\infty,1)$，$\complement_U B=(-\infty,0)\cup[4,+\infty)$

(2) $(\complement_U A)\cap B=[0,1)$

## 习题 2.2

1. $A\cup B=(-1,5]$,$A\cap B=(2,4]$
2. $A\cup B=(-\infty,+\infty)=\mathbf{R}$,$A\cap B=[-1,4]$
3. (1) $\complement_U A=(5,+\infty)$，$\complement_U B=(-\infty,-3]$

(2) $(\complement_U A)\cup(\complement_U B)=(-\infty,-3]\cup(5,+\infty)$

(3) $(\complement_U A)\cap(\complement_U B)=\varnothing$

## 课堂练习 2.3

1. (1) 解集为$[-2,2]$　　(2) 解集为$(-\infty,-2)\cup(2,+\infty)$
2. (1) 解集为$(-\infty,-5)\cup(1,+\infty)$，　　(2) 解集为$\left[-\frac{2}{3},2\right]$

(3) 解集为$(-\infty,0]\cup[4,+\infty)$　　(4) 解集为$\left(-\frac{1}{3},1\right)$

## 习题 2.3

1. (1) 解集为$(2,3)$　　(2) 解集为$[-5,9]$
2. (1) 解集为$(-\infty,-15]\cup[15,+\infty)$　　(2) 解集为$(-\infty,2]\cup[4,+\infty)$

(3) 解集为$(-\infty,-3)\cup(-1,+\infty)$ (4) 解集为$\left[-\frac{7}{2},\frac{1}{2}\right]$

3. $a$取值范围是$(0,2]$

## 课堂练习 2.4

1. (1) 解集为$(-\infty,-2)\cup(5,+\infty)$ (2) 解集为$[0,1]$
2. $x\in(-\infty,-2)\cup(3,+\infty)$时$\sqrt{6+x-x^2}$无意义
3. $a=-12,b=-2$

## 习题 2.4

1. (1) 解集为$(-1,-4)$ (2) 解集为$\mathbf{R}$
(3) 解集为$\{1\}$, (4) 解集为$\varnothing$
2. 解集为$(-2,2)$
3. $a\in\{a\mid a\leqslant-2$ 或 $a=0$ 或 $a\geqslant2\}$时,$x^2-ax+1<0$解集为$\varnothing$

## 课堂练习 2.5

1. 由已知有:$ab>0,cd>0$ $ab+cd\geqslant2\sqrt{abcd}>0$
$ac>0,bd>0$ $ac+bd\geqslant2\sqrt{abca}>0$
$\therefore(ab+cd)(ac+bd)\geqslant4abcd$
2. $a=b=\frac{1}{2}$时,$\sqrt{ab}$有最大值$\frac{1}{2}$
3. $x=\frac{5}{4}$时,$y=x(5-2x)$有最大值$\frac{25}{8}$

## 习题 2.5

1. 当$x=4$时,$y=\frac{1}{x-3}+x$有最小值5
2. $[7+2\sqrt{6},+\infty)$ (提示:$ab=a+b+5\geqslant2\sqrt{ab}+5$)
3. 当$x=y=1$时,$\frac{1}{x}+\frac{1}{y}$有最小值2

## 复习题 2

1. (1) B (2) A (3) D (4) D (5) B (6) C (7) B
2. (1) $(0,3),(-1,5]$ (2) $[-3,1]$ (3) $[2,3)$ (4) $(-2,6)$ (5) $>$ (6) $18\sqrt{3}$
3. (1) 解集为$(-6,1)$ (2) 解集为$(-\infty,-4]\cup[4,+\infty)$
(3) 解集为$\left[1,\frac{5}{2}\right]$ (4) 解集为$\left(-\infty,-\frac{3}{2}\right)\cup\left(\frac{1}{2},+\infty\right)$
4. 提示:由$(a^2+b^2+c^2)-(2a+2b+2c-3)=(a-1)^2+(b-1)^2+(c-1)^2$可推出
$$a^2+b^2+c^2>2a+2b+2c-3$$
5. 提示:$A=(a-2,a+2)$, $B=(-\infty,-1)\cup(5,+\infty)$.

由 $A\cap B=\varnothing$ 有 $a-2\geqslant-1$ 且 $a+2\leqslant5$，
可得 $a$ 取值范围[1,3]

6. 提示：$2^x+4^y=2^x+2^{2y}\geqslant2\sqrt{2^x\cdot2^{2y}}=2\sqrt{2^{x+2y}}=2\sqrt{2}$，

当且仅当 $2^x=4^y$，即 $x=2y=\dfrac{1}{2}$ 时，$2^x+4^y$ 取最小值 $2\sqrt{2}$ 可得 $2^x+4^y$ 的取值范围是 $[2\sqrt{2}+\infty)$

# 第 3 章　函　数

## 课堂练习 3.1.1

1. (1) 定义域为 $(-\infty,2)\cup(2,+\infty)$　　(2) 定义域为 $[2,3]$
2. $f(-1)=-5$，$f(0)=-3$，$f(1)=-1$，$f(a)=2a-3$

## 课堂练习 3.1.2

1. $y=|x+1|$ 图像是一条过点 $(-2,1)$，$(-1,0)$，$(0,1)$ 的折线

$y=x^2-2x$ 图像是以 $x=1$ 为对称轴，顶点为 $(1,-1)$，过点 $(0,0)$ 和 $(2,0)$，开口向上的抛物线

2. $f[f(2)]=f(1)=1$
3. $f(x)=x+2$

## 习题 3.1

1. (1) **R**　(2) $(-\infty,-3)\cup(3,+\infty)$　(3) $\left(-\infty,-\dfrac{1}{3}\right]\cup[1,+\infty)$
2. (1) $f(-2)=0$，$f(0)=-2$，$f(2)=0$，$f(a)=a^2-2$
3. (1) 定义域不同，不是同一函数

(2) 定义域不同，不是同一函数

4. (1) $y=x^2-2x-3$ 图像是以 $x=1$ 为对称轴，顶点为 $(1,-4)$，过点 $(-1,0)$，$(0,-3)$，$(3,0)$，开口向上的抛物线

(2) $y=x-1$，$x\in\{-2,-1,0,1,2\}$ 图像是 $(-2,-3)$，$(-1,-2)$，$(0,-1)$，$(1,0)$，$(2,1)$ 五个离散的点

5. 定义域为 $[-3,3]$，$f(-1)=1$，$f(0)=0$，$f[f(-2)]=4$
6. $f(x)=\dfrac{4+x-2x^2}{3x}$

## 课堂练习 3.2.1

1. 单调区间 $\left[-\pi,-\dfrac{\pi}{2}\right)$，$\left[-\dfrac{\pi}{2},\dfrac{\pi}{2}\right)$，$\left[\dfrac{\pi}{2},\pi\right]$

$y=f(x)$ 在 $\left[-\pi,-\dfrac{\pi}{2}\right)$，$\left[\dfrac{\pi}{2},\pi\right]$ 上是减函数，在 $\left[-\dfrac{\pi}{2},\dfrac{\pi}{2}\right)$ 上是增函数

2. $y=f(x)=x^2+2x$ 在 $[-2,-1)$ 上是减函数，在 $[-1,2)$ 上是增函数
3. 略

## 课堂练习 3.2.2

1. (1) 偶函数　(2) 奇函数　(3) 非奇非偶函数　(4) 非奇非偶函数
2. (1) $(1,2)$　(2) $(-1,-2)$　(3) $(-1,2)$　(4) $(-2,1)$
3. $f(-1)<f(-1.5)<f(2)$

## 习题 3.2

1. $y=f(x)=-x+1$ 在$(-\infty,+\infty)$上是减函数
2. 略
3. (1) 奇函数　(2) 偶函数　(3) 奇函数　(4) 非奇非偶
4. 解集为$\left(0,\frac{1}{4}\right]$

## 课堂练习 3.3

1. (1) $y=\frac{x+1}{2}(x\in\mathbf{R})$　(2) $y=x^2+2(x\geqslant 0)$

(3) $y=\sqrt{x-2}(x\geqslant 2)$　(4) $y=\frac{x}{2x-1}\left(x\in\mathbf{R} 且 x\neq\frac{1}{2}\right)$

2. $y=2x+1(x\in\mathbf{R})$的反函数为 $y=\frac{x-1}{2}(x\in\mathbf{R})$

## 习题 3.3

1. (1) $y=x^2+2(x\leqslant 0)$　(2) $y=\frac{2+x}{1-x}(x\in\mathbf{R} 且 x\neq 1)$

(3) $y=(x+1)^3(x\in\mathbf{R})$　(4) $y=\sqrt[3]{x+1}(x\in\mathbf{R})$

2. 反函数的值域即为函数的定义域$\left(-\infty,-\frac{3}{2}\right)\cup\left(\frac{3}{2},+\infty\right)$
3. $f^{-1}(2)=4$
4. $a=3,b=-1$
5. $a=1,b=\frac{3}{2},c=2$

## 课堂练习 3.4.1

1. (1) $(m-n)^{\frac{2}{3}}$　(2) $m^{\frac{3}{2}}$　(3) $a^{\frac{3}{4}}$　(4) $a^{\frac{3}{2}}$
2. (1) 3　(2) $\pi-3$　(3) 9　(4) 8
3. (1) $16a^{-\frac{4}{3}}b^4$　(2) $a^2b^3$
4. 2

## 课堂练习 3.4.2

1. (1) $1.2^{3.2}<1.5^{3.2}$　(2) $(a^2+2)^{-3}<a^{-6}$

2. $y=x^{\frac{2}{3}}$是偶函数，在$(-\infty,0)$上是减函数，在$(0,+\infty)$上是增函数

$y=x^{-1}$是奇函数，在$(-\infty,0)$和$(0,+\infty)$上均是减函数

## 课堂练习 3.4.3

1. (1) $2^{2.5}<2^{3.5}$　　(2) $0.5^{-1.5}>0.5^{-2.5}$

2. $[-3,3]$

3. $a=\frac{2}{3}$　$f(x)=\left(\frac{2}{3}\right)^x$ 有 $f(-1)=\left(\frac{2}{3}\right)^{-1}=\frac{3}{2}$

## 习题 3.4

1. (1) $\left(\frac{2}{\pi}\right)^{-2}<\left(\frac{\pi}{2}\right)^3$　　(2) $\left(\frac{1}{2}\right)^{0.5}<\left(\frac{2}{3}\right)^{0.5}$

2. $y=\left(\frac{2}{3}\right)^x$

3. (1) $(-\infty,3)\cup(3,+\infty)$　　(2) $[-2,2]$

4. $a=\frac{1}{2}$　$f(x)=\left(\frac{1}{2}\right)^x$　$f\left(-\frac{3}{2}\right)=\left(\frac{1}{2}\right)^{-\frac{3}{2}}=2^{\frac{3}{2}}=2\sqrt{2}$

5. (1) $\frac{1}{189}$　　(2) 1

6. 解集为$\left(-\frac{1}{3},1\right)$

7. $a=2$

8. 16

## 课堂练习 3.5.1

1. (1) $\log_2 4=2$　(2) $\log_{0.2}5=a$　(3) $\log_{\frac{1}{3}}1=0$

2. (1) $2^0=1$　(2) $10^{-2}=0.01$　(3) $e^a=3$

3. (1) $-6$　(2) $-1$　(3) $-\frac{1}{3}$　(4) 8

4. $2\log_a x+3\log_a y-\frac{1}{2}\log_a z$

## 课堂练习 3.5.2

1. $a=\frac{1}{2}$，$y=f(x)=\log_{\frac{1}{2}}x$，从而 $\log_a\frac{1}{8}=\log_{\frac{1}{2}}\frac{1}{8}=3$

2. (1) $\left(-\infty,\frac{1}{2}\right)$　(2) $(1,2)\cup(2,+\infty)$　(3) $[3,+\infty)$

3. (1) $\log_2 3<\log_2 5$　　(2) $\log_{0.5}2>\log_{0.5}3$

(3) $\log_3 0.5<\log_3 0.6$　　(4) $\log_{\sqrt{2}}1.5<\log_{\sqrt{2}}1.6$

## 习题 3.5

1. (1) $\log_{0.7}0.49=2$　(2) $\lg 25=x$　(3) $\ln 2=x$

2. (1) $4^x=3$　(2) $\left(\frac{1}{3}\right)^0=1$　(3) $10^5=x$

3. (1) 2　(2) $-\frac{8}{3}$　(3) 4

4. (1) $\frac{1}{2}\lg x+2\lg y-\lg z$　(2) $-\frac{2}{3}\lg y+\frac{1}{3}\lg x$

5. (1) 减函数　(2) 增函数

6. (1) $(0,1)$　(2) $(0,2)\cup(2,+\infty)$　(3) $[\sqrt{10},+\infty)$

(4) $(-\infty,1-\sqrt{2})\cup(1-\sqrt{2},0)\cup(2,1+\sqrt{2})\cup(1+\sqrt{2},+\infty)$

7. (1) $a\in(1,+\infty)$　(2) $a\in[0,1]$

## 课堂练习 3.6

1. 函数的零点为 $x_1=1,x_2=2$
2. 由 $f(-2)\cdot f(0)=4\times(-6)=-24<0$ 解之有零点

## 习题 3.6

1. $\{-2,2\}$
2. 由 $f(0)\cdot f(1)=1\times(-2)=-2<0$,解之有零点

## 复习题 3

1. (1) A　(2) D　(3) B　(4) A　(5) B　(6) A　(7) C　(8) B
2. (1) $f(-2)=1,f(2)=7$　(2) $[0,+\infty)$　(3) 20　(4) 2　(5) $[3,+\infty)$
3. 增函数
4. (1) 奇函数　(2)偶函数
5. $y=\sqrt{1-x^2}\quad x\in[0,1)$
6. (1) 定义域$[-2,+\infty)$　(2) $f(-2)=7,f(0)=1,f(2)=1$　(3) 略
7. (1) $f^{-1}(x)=\frac{x+3}{x-2}$　(2) $g(x)=\frac{x+4}{x-1}$　(3) $g(3)=\frac{7}{2}$

# 第 4 章　数　列

## 课堂练习 4.1

1. (1) $a_n=3^n,n\in\mathbf{N}^*$　(2) $a_n=3^{n-1},\quad n\in\mathbf{N}^*$

(3) $a_n=2^{n-1},\quad n\in\mathbf{N}^*$　(4) $a_n=\frac{n^2}{n^2+1},\quad n\in\mathbf{N}^*$

2. (1) $a_n=n(n+1),\quad n\in\mathbf{N}^*$　(2) $a_5=30,a_{10}=110,a_{20}=420$

## 习题 4.1

1. (1) 前 4 项为 1,3,5,7　(2) 前 4 项为 $1,2,\frac{5}{2},\frac{29}{10}$

2. (1) $a_n=(-1)^{n-1}(2n-2)$， $n\in\mathbf{N}^*$　　(2) $a_n=3^{1-n}$， $n\in\mathbf{N}^*$

(3) $a_n=\frac{1}{2n}$， $n\in\mathbf{N}^*$　　(4) $a_n=10^n-1$， $n\in\mathbf{N}^*$

3. (1) $a_{10}=\frac{109}{3}$　　(2) $79\frac{2}{3}$是数列中的第 15 项

4. (1) $b_{n+1}=\frac{a_{n+1}}{a_{n+2}}=\frac{a_{n+1}}{a_{n+1}+a_n}=\frac{1}{1+\frac{a_n}{a_{n+1}}}=\frac{1}{1+b_n},n\in\mathbf{N}^*$

(2) $b_1=1,b_2=\frac{1}{2},b_3=\frac{2}{3},b_4=\frac{3}{5},b_5=\frac{5}{8}$

## 课堂练习 4.2.1

1. (1) $a_{10}=-8$　　(2) 100 是数列的第 16 项

2. (1) $a_1=-40,d=5$　　(2) $a_{13}=12$　　(3) $\begin{cases}a_2=4\\a_5=13\end{cases}$或$\begin{cases}a_2=13\\a_5=4\end{cases}$.

3. (1) 60　　(2) 4

## 课堂练习 4.2.2

1. (1) $a_n=604.5$　　(2) $n=15$
2. $n=26$
3. $S_{110}=-110$

## 习题 4.2

1. (1) $n=6$　　(2) $S_{17}=51$　　(3) $n=27$　　(4) $S_n=210$
2. 80,75,70,65,60,55,50,45,40,35
3. (1) $S_n=\frac{3}{2}n^2-\frac{1}{2}n$　　(2) $a_n=10n-2$
4. (1) $S_{13}=104$　　(2) $n=26$

## 课堂练习 4.3.1

1. (1) $a_1=2,q=2$　　(2) $a_1=\frac{5}{2},q=10$

2. (1) $\pm60$　　(2) 3

3. $q=2$ 或$\frac{1}{2}$

## 课堂练习 4.3.2

1. (1) 189　　(2) $\frac{31}{2}$

2. 当 $a=1$ 时，和为$-\frac{1}{2}n^2+\frac{1}{2}n$

3. $a_1=3,n=6$

## 习题 4.3

1. (1) $\begin{cases}q=-4\\a_3=32\end{cases}$或$\begin{cases}q=3\\a_3=18\end{cases}$

(2) $\begin{cases}q=1\\a_1=\dfrac{3}{2}\end{cases}$或$\begin{cases}q=\dfrac{-1-\sqrt{3}}{2}\\a_1=3(2-\sqrt{3})\end{cases}$或$\begin{cases}q=\dfrac{-1+\sqrt{3}}{2}\\a_1=3(2+\sqrt{3})\end{cases}$

2. (1) $\pm2$　　(2) $\pm ab(a^2+b^2)$

3. 80,40,20,10

4. (1) 由 $a_{n+1}=2a_n+1=2(a_n+1)-1$ 知$\dfrac{a_{n+1}+1}{a_{n+1}}=2$得证

(2) 由等比数列$\{a_{n+1}\}$中,$a_1+1=2$ 公比 $q=2$

有 $a_{n+1}=2\cdot2^{n-1}=2^n$ 即数列$\{a_n\}$通项公式 $a_n=2^n-1,n\in\mathbf{N}^*$

(3) 数列$\{a_n\}$前 $n$ 项和 $S_n$ 即

$$S_n=(2-1)+(2^2-1)+(2^3-1)+\cdots+(2^n-1)$$
$$=\frac{2(1-2^n)}{1-2}-n=2^{n+1}-2-n,n\in\mathbf{N}^*$$

5. 由等比数列性质知:$(S_{2n}-S_n)^2=S_n\cdot(S_{3n}-S_{2n})$,即

$$(60-48)^2=48(S_{3n}-60),$$
$$S_{3n}=63.$$

## 复习题 4

1. (1) D　(2) B　(3) B　(4) D　(5) C　(6) B　(7) C　(8) D

2. (1) 4033　(2) 156　(3) 27　(4) 5　(5) $\pm1$

3. (1) $a_n=4n-2$,　$n\in\mathbf{N}^*$　　(2) 78 是数列$\{a_n\}$的第 20 项

4. $n=5$ 时,$a_1=3$;$n=7$ 时,$a_1=-1$.

5. $a=1$ 时,$S_n=n^2$;$a\neq1$ 时,$S_n=\dfrac{2(a-a^a)}{(1-a)^2}+\dfrac{1-(2n-1)a^n}{1-a}$

# 第 5 章　三角函数

## 课堂练习 5.1.1

1. (1) 由 $395°=1\times360°+35°$,有 $395°$是第一象限角

(2) 由$-150°=-1\times360°+210°$,有$-150°$是第三象限角.

(3) 由 $1\ 565°=4\times360°+125°$,有 $1\ 565°$是第二象限角.

(4) 由$-5\ 395°=-15\times360°+5°$,有$-5\ 395°$是第一象限角.

2. (1) 与 $45°$终边相同角的集合为$\{\beta|\beta=k360°+45°,k\in\mathbf{Z}\}$,而在$-360°\sim360°$范围的角为:$k=-1$ 时,$-1\times360°+45°=-315°$,$k=0$ 时,$0\times360°+45°=45°$.

(2) 与$-75°$终边相同角的集合为$\{\beta/\beta=k.360°-75°,k\in \mathbf{Z}\}$，而在$-360°\sim360°$范围的角为：$k=0$时，$0\times360°-75°=-75°$，$k=1$时，$1\times360°-75°=285°$.

## 课堂练习 5.1.2

1. (1) $75°=75\times\frac{\pi}{180}=\frac{5}{12}\pi$　　(2) $108°=108\times\frac{\pi}{180}=\frac{3}{5}\pi$

(3) 由$-240°=-240°\times\frac{\pi}{180}=-\frac{4}{3}\pi$　　(4) $330°=330\times\frac{\pi}{180}=\frac{11}{6}\pi$

2. (1) $\frac{\pi}{12}=\frac{\pi}{12}\times\frac{180°}{\pi}=15°$　　(2) $-\frac{5}{4}\pi=-\frac{5}{4}\pi\times\frac{180°}{\pi}=-225°$

(3) $\frac{2}{5}\pi=\frac{2}{5}\pi\times\frac{180°}{\pi}=72°$　　(4) $-4\pi=-4\pi\times\frac{180°}{\pi}=-720°$

3. 经过2小时，时针转过角度为$-30°$，分针转过的角度为$-720°$，化成弧度为：$-\frac{\pi}{6}$和$-4\pi$.

## 习题 5.1

1. (1) $\{\beta/\beta=k\cdot360°+\alpha,k\in\mathbf{Z}\}$　　$\{\beta/\beta=2k\pi+\alpha,k\in\mathbf{Z}\}$

(2) $k\cdot360°-30°(k\in\mathbf{Z})$是第四象限角；$2k\pi+\frac{3}{4}\pi(k\in\mathbf{Z})$是第二象限角.

2. 由$\alpha$是第二象限角，$\frac{\alpha}{2}$是第一象限或第三象限角.

3. (1) 与$420°$终边相同角的集合为$\{\beta/\beta=k\cdot360°+420°,k\in\mathbf{Z}\}$，而在$0°\sim360°$范围的角度为：$k=-1$时，$-1\times360°+420°=60°$.

(2) 与$-135°$终边相同角的集合为$\{\beta/\beta=k\cdot360°-135°,k\in\mathbf{Z}\}$，而在$0°\sim360°$范围的角度为：$k=1$时，$1\times360°-135°=215°$.

(3) 与$\frac{9}{4}\pi$终边相同角的集合为$\{\beta/\beta=2k\pi+\frac{9}{4}\pi,k\in\mathbf{Z}\}$，而在$(0,2\pi)$范围的角度为：$k=-1$时，$2\times(-1)\pi+\frac{9}{4}\pi=\frac{\pi}{4}$.

(4) 与$-\frac{\pi}{6}$终边相同角的集合为$\{\beta/\beta=2k\pi-\frac{\pi}{6},k\in\mathbf{Z}\}$，而在$(6,2\pi)$范围的角度为：$k=1$时，$2\times1\times\pi-\frac{\pi}{6}=\frac{11}{6}\pi$.

4. (1) 飞轮每分钟转过的弧度数为$300\times2\pi=600\pi$.

(2) 飞轮圆周一点每秒钟经过的弧长$\frac{600\pi}{60}\times\frac{1.2}{2}=60\pi(\mathrm{m})$.

## 课堂练习 5.2.1

1. 由题设知：$x=\frac{1}{2}$，$y=-\frac{\sqrt{3}}{2}$，$\gamma=\sqrt{x^2+y^2}=\sqrt{\left(\frac{1}{2}\right)^2+\left(-\frac{\sqrt{3}}{2}\right)^2}=1$

知：$\sin\alpha=\frac{y}{\gamma}=-\frac{\sqrt{3}}{2}$；$\cos\alpha=\frac{x}{\gamma}=\frac{\sqrt{1}}{2}$，$\tan\alpha=\frac{y}{x}=-\sqrt{3}$.

2. (1) 由 $530°=1\times360°+170°$，知 $530°$是第二象限角，
有：$\sin530°>0$；$\cos530°<0$；$\tan530°<0$.

(2) 由$\frac{17}{6}\pi=2\pi+\frac{5}{6}\pi$，知$\frac{17}{6}\pi$是第二象限角，

有：$\sin\frac{17}{6}\pi>0$；$\cos\frac{17}{6}\pi<0$；$\tan\frac{17}{6}\pi<0$.

3. 由 $\sin\theta<0$ 知：$\theta$ 是第三、四象限角和终边在 $y$ 的负半轴上的角，由 $\cos\theta>0$ 知：$\theta$ 是第一、四象限角和终边在 $x$ 的正半轴上的角，当 $\sin\theta<0$ 且 $\cos\theta>0$ 时，有 $\theta$ 是第四象限角.

4. 原式$=3\times(-1)-2\times(-1)-1+\sqrt{3}\times0=-3+2-1+0=-2$

## 课堂练习 5.2.2

1. 由平方关系 $\sin^2\alpha+\cos^2\alpha=1$，又 $\alpha$ 是第一象限角有 $\sin\alpha>0$，所以：$\sin\alpha=\sqrt{1-\cos^2\alpha}=\sqrt{1-\left(\frac{1}{2}\right)^2}=\frac{\sqrt{3}}{2}$. 又由商数关系 $\tan\alpha=\frac{\sin\alpha}{\cos\alpha}=\frac{\frac{\sqrt{3}}{2}}{\frac{1}{2}}=\sqrt{3}$.

2. 由 $\tan\alpha=3$，有$\frac{4\sin\alpha}{\sin\alpha-\cos\alpha}=\frac{4\tan\alpha}{\tan\alpha-1}=\frac{4\times3}{3-1}=6$

3. 由 $\alpha$ 是第一象限角可知，$\sin\alpha>0$，$\cos\alpha>0$，$\tan\alpha>0$，有

$$原式=\sqrt{\frac{1-\cos^2\alpha}{\cos^2\alpha}}=\sqrt{\frac{\sin^2\alpha}{\cos^2\alpha}}=\frac{\sin\alpha}{\cos\alpha}=\tan\alpha$$

## 习题 5.2

1. 由题设知：$x=-3$，$y=4$，$\gamma=\sqrt{x^2+y^2}=\sqrt{(-3)^2+4^2}=5$ 有 $\sin\alpha=\frac{y}{\gamma}=\frac{4}{5}$，$\cos\alpha=\frac{x}{\gamma}=-\frac{3}{5}$，$\tan\alpha=\frac{y}{x}=-\frac{4}{3}$.

2. 由 $\sin\alpha=2\cos\alpha$ 有$\frac{\sin\alpha}{\cos\alpha}=2$，即 $\tan\alpha=2$，所以$\frac{2\tan\alpha}{2\tan\alpha-1}=\frac{2}{2\times2-1}=\frac{2}{3}$.

3. 由 $\theta\in\left(\frac{\pi}{2},\pi\right)$知

$$\sin\theta>0,\quad \cos\theta<0. \qquad ①$$

又

$$\sin\theta\cdot\cos\theta=\frac{1}{5}, \qquad ②$$

平方得

$$\sin^2\theta+2\sin\theta\cdot\cos\theta+\cos^2\theta=\frac{1}{25}.$$

即

$$1+2\sin\theta\cdot\cos\theta=-\frac{12}{25}.$$

有

$$\sin\theta\cdot\cos\theta=\frac{1}{25}. \qquad ③$$

由①②③有 $$\sin\theta=\frac{4}{5},\cos\theta=-\frac{3}{5},$$

则 $$\tan\theta=\frac{\sin\theta}{\cos\theta}=-\frac{4}{3}.$$

4. 因为 $\tan\alpha\cdot\cot\alpha=1$，由

$$\tan\alpha+\cot\alpha=2 \text{ 有 } \tan^2\alpha+2\tan\alpha\cdot\cot\alpha+\cot^2\alpha=4.$$

所以 $\tan^2\alpha+\cot^2\alpha=4-2=2$.

5. (1) 1　　(2) 1

6. 由 $\cos\alpha+\cos^2\alpha=1$，有 $\cos\alpha=1-\cos^2\alpha=\sin^2\alpha$，则 $\cos^2\alpha=\sin^4\alpha$

$\sin^2\alpha+\sin^6\alpha+\sin^8\alpha=\sin^2\alpha+\sin^4\alpha(\sin^2\alpha+\sin^4\alpha)=\sin^2\alpha+\cos^2\alpha(\sin^2\alpha+\cos^2\alpha)=1$

## 课堂练习 5.3

1. (1) $\frac{1}{2}$　(2) $\frac{1}{2}$　(3) $-\frac{\sqrt{2}}{2}$　(4) $\frac{\sqrt{3}}{2}$　(5) $-\frac{1}{2}$　(6) $-\frac{\sqrt{3}}{2}$

(7) $-\frac{\sqrt{2}}{2}$　(8) $-\frac{\sqrt{2}}{2}$

2. 1

## 习题 5.3

1. (1) $-\frac{\sqrt{3}}{2}$　　(2) $-\frac{\sqrt{3}}{2}$

2. 0

3. 7

4. $\sqrt{3}$

## 课堂练习 5.4.1

1. 列表描点，连线得图像，略

2. $[1,2]$

3. $\left\{x \mid x=k\pi-\frac{\pi}{4},k\in\mathbf{Z}\right\}$，最小值为$-1$.

## 课堂练习 5.4.2

1. 列表描点连线得图像，略

2. $[-1,3]$

## 课堂练习 5.4.3

$$\left\{x \mid k\pi-\frac{\pi}{4}<x<k+\frac{3}{4}\pi\right\}(k\in\mathbf{Z}) \text{或} \left(k\pi-\frac{\pi}{4},k\pi+\frac{3}{4}\pi\right)(k\in\mathbf{Z})$$

## 习题 5.4

1. 分别进行列表、描点、连线而得图像，略

2. 定义域为$\left\{x \mid k\pi-\frac{\pi}{8} \leqslant x \leqslant k\pi+\frac{3}{8}\pi, k\in \mathbf{Z}\right\}$或$\left[k\pi-\frac{\pi}{8}, k\pi+\frac{3}{8}\pi\right](k\in \mathbf{Z})$.

3. 由题意知:$\sin x=-1$ 时,$y_{\max}=a+b=5$.

$\sin x=1$ 时,$y_{\min}=a-b=1$.

从而有:$a=3$,$b=2$.

4. 当 $x=2k\pi+\frac{\pi}{3}(k\in \mathbf{Z})$时,$y_{\min}=3-2\times 1=1$.

当 $x=2k\pi+\frac{4}{3}\pi(k\in \mathbf{Z})$时,$y_{\max}=3-2\times(-1)=5$.

从而有:函数 $y=3-2\sin\left(x+\frac{\pi}{6}\right)$的值域为$[1,5]$.

5. (1) $\left[k\pi-\frac{3}{8}\pi, k\pi+\frac{\pi}{8}\right](k\in \mathbf{Z})$　(2) $\left[k\pi-\frac{3}{8}\pi, k\pi+\frac{\pi}{8}\right](k\in \mathbf{Z})$

(3) $\left(\frac{k\pi}{2}-\frac{\pi}{4}, \frac{k\pi}{2}+\frac{\pi}{4}\right)(k\in \mathbf{Z})$

## 课堂练习 5.5

1. (1) $-\arcsin\frac{1}{4}$　(2) $\arccos\frac{3}{5}$　(3) $-\arctan 2$

2. $\frac{3}{4}\pi$

## 习题 5.5

1. (1) ×　(2) √　(3) √　(4) √

2. (1) $-\arcsin\frac{1}{3}$　(2) $\frac{5}{4}\pi$　(3) $\pi-\arcsin\frac{1}{3}$　(4) $2k\pi-\arcsin\frac{2}{3}(k\in \mathbf{Z})$

## 复习题 5

1. 选择题

(1) B　(2) C　(3) C　(4) B　(5) A　(6) B　(7) C　(8) B　(9) C

(10) D

2. 填空题

(1) $\left[k\pi+\frac{\pi}{4}, k\pi+\frac{3}{4}\pi\right](k\in \mathbf{Z})$　(2) $-2$　(3) $-\frac{3}{8}$　(4) 3　(5) $\arcsin\frac{1}{5}$

3. 解答题

(1) $[2k\pi,(2k+1)\pi](k\in \mathbf{Z})$

(2) $-\frac{4}{3}$

(3) $m=0$ 时,$\cos\alpha=1$,$\tan\alpha=0$;$m=\sqrt{5}$时,$\cos\alpha=-\frac{\sqrt{6}}{4}$,$\tan\alpha=-\frac{\sqrt{15}}{3}$;$m=-\sqrt{5}$时,$\cos\alpha=-\frac{\sqrt{6}}{4}$,$\tan\alpha=\frac{\sqrt{15}}{3}$.

(4) 奇函数

(5) $y=\frac{1}{2}-\sin x$

# 第6章　三角恒等变换

## 课堂练习 6.1

1. (1) $\frac{\sqrt{6}+\sqrt{2}}{4}$　(2) $\frac{\sqrt{2}-\sqrt{6}}{4}$　(3) $-(2+\sqrt{3})$

2. (1) $\frac{1}{2}$　(2) $\frac{1}{2}$　(3) 1

3. $\frac{4-3\sqrt{3}}{10}$

4. 略

## 习题 6.1

1. (1) $\frac{\sqrt{2}}{2}$　(2) $\frac{\sqrt{3}}{2}$　(3) $\sqrt{3}$　(4) $\sin\alpha$　(5) $\cos\alpha$　(6) $\tan\theta$

2. $\sin\left(\theta-\frac{\pi}{6}\right)=\frac{3\sqrt{3}-4}{10}$；$\cos\left(\theta-\frac{\pi}{6}\right)=\frac{4\sqrt{3}+3}{10}$；$\tan\left(\theta-\frac{\pi}{6}\right)=\frac{48-25\sqrt{3}}{39}$.

3. 略

4. (1) $\sin\left(\frac{\pi}{6}-x\right)$　(2) $\sin\left(\frac{\pi}{6}+x\right)$　(3) $2\sin\left(x-\frac{\pi}{4}\right)$

5. 略

6. 略

7. $\frac{59}{72}$.

## 课堂练习 6.2

1. 正弦值为$\frac{24}{25}$；余弦值为$-\frac{7}{25}$；正切值为$-\frac{24}{7}$.

2. (1) $\frac{\sqrt{3}}{2}$　(2) $\frac{1}{4}$　(3) $-\frac{\sqrt{3}}{3}$　(4) $\frac{\sqrt{2}}{2}$

3. (1) $1-\sin2\alpha$　(2) $\tan2\theta$

## 习题 6.2

1. $\sin2\alpha=\frac{2}{3}\sqrt{2}$，$\cos2\alpha=-\frac{1}{3}$，$\tan2\alpha=-2\sqrt{2}$.

2. 略

3. $\frac{1}{16}$

4. (1) $-\frac{4}{3}$　　(2) $-\frac{1}{7}$

5. $\frac{17}{25}$

6. 2

## 课堂练习 6.3

1. 振幅 $A=8$,同期 $T=\frac{2\pi}{\frac{1}{4}}=8\pi$,初相位 $\varphi=-\frac{\pi}{3}$

2. $y=\frac{3}{2}\sin\left(\frac{1}{2}x-\frac{\pi}{3}\right)+\frac{5}{6}\pi$

## 习题 6.3

1. $y=2\sin\left(3x-\frac{\pi}{2}\right)$;振幅 $A=2$,周期 $T=\frac{2}{3}\pi$,初相位 $\varphi=-\frac{\pi}{2}$.

2. $y=\sin\left(2x+\frac{\pi}{6}\right)+\frac{3}{2}$,当 $2x+\frac{\pi}{6}=2k\pi+\frac{\pi}{2}$时,即 $x=k\pi+\frac{\pi}{6}(k\in\mathbf{Z})$,即 $x$ 取值集合为$\{x|x=k\pi+\frac{\pi}{6},k\in\mathbf{Z}\}$时,函数取最大值为 $y_{\max}=\frac{3}{2}$.

## 复习题 6

1. 选择题

(1) D　(2) C　(3) B　(4) A　(5) D　(6) A　(7) C　(8) B
(9) C　(10) C

2. 填空题

(1) 2　(2) 1　(3) $-\frac{2\sqrt{2}}{3}$　(4) $\left(k\pi+\frac{\pi}{8},k\pi+\frac{5}{8}\pi\right)(k\in\mathbf{Z})$

3. 解答题

(1) 由 $\tan A+\tan B=-\frac{8}{3}$,$\tan A\cdot\tan B=-\frac{1}{3}$,有

$$\tan(A+B)=\frac{\tan A+\tan B}{1-\tan A\cdot\tan B}=\frac{-\frac{8}{3}}{1+\frac{1}{3}}=-2,$$

故
$$\tan C=\tan[\pi-(A+B)]=-\tan(A+B)=2.$$

(2) 由原式$=\frac{\tan75^\circ+1}{\tan75^\circ-1}=-\frac{\tan75^\circ+\tan45^\circ}{1-\tan75^\circ\cdot\tan45^\circ}=-\tan(75^\circ+45^\circ)$

$$=-\tan120^\circ=-\frac{\sin(180^\circ-60^\circ)}{\cos(180^\circ-60^\circ)}=\tan60^\circ=\sqrt{3}.$$

(3) 由 $f(x)=2\cos\left(\frac{\pi}{3}-x\right)+2\cos x$

$$=2\left(\frac{1}{2}\cos x+\frac{\sqrt{3}}{2}\sin x\right)+2\cos x$$

$$=3\cos x+\sqrt{3}\sin x$$

$$=2\sqrt{3}\left(\frac{\sqrt{3}}{2}\cos x+\frac{1}{2}\sin x\right)$$

$$=2\sqrt{3}\left(\sin\frac{\pi}{3}\cos x+\cos\frac{\pi}{3}\sin x\right)$$

$$=2\sqrt{3}\sin\left(x+\frac{\pi}{3}\right)$$

由 $x\in\mathbf{R}$ 有

$$-1\leqslant\sin\left(x+\frac{\pi}{3}\right)\leqslant 1,$$

即

$$-2\sqrt{3}\leqslant 2\sqrt{3}\sin\left(x+\frac{\pi}{3}\right)\leqslant 2\sqrt{3}.$$

∴函数 $f(x)=2\cos\left(\frac{\pi}{3}-x\right)+2\cos x$ 值域为 $[-2\sqrt{3},2\sqrt{3}]$.

(4) ① 由函数 $f(x)$ 有意义,需 $\cos x\neq 0$,即 $x\neq k\pi+\frac{\pi}{2}(k\in\mathbf{Z})$,所以 $f(x)$ 的定义域为 $\left\{x\mid x\neq k\pi+\frac{\pi}{2},k\in\mathbf{Z}\right\}$.

② 由 $\cos\alpha=\frac{4}{5}$ 且 $\alpha$ 是第一象限角,有

$$\sin\alpha=\sqrt{1-\cos^2\alpha}=\sqrt{1-\left(\frac{4}{5}\right)^2}=\frac{3}{5},$$

故

$$f(\alpha)=\frac{1-\sqrt{2}\sin\left(2\alpha-\frac{\pi}{4}\right)}{\cos\alpha}=\frac{1-\sqrt{2}\left(\frac{\sqrt{2}}{2}\sin2\alpha-\frac{\sqrt{2}}{2}\cos2\alpha\right)}{\cos\alpha}$$

$$=\frac{1-\sin2\alpha+\cos2\alpha}{\cos\alpha}=\frac{2\cos^2-2\sin\alpha\cos\alpha}{\cos\alpha}=2(\cos\alpha-\sin\alpha)$$

$$=2\left(\frac{4}{5}-\frac{3}{5}\right)=\frac{2}{5}.$$

# 第 7 章 解三角形

## 课堂练习 7.1

1. $a:b:c=1:\sqrt{3}:2$
2. $B=90^\circ$
3. $b=4\sqrt{6}$

## 习题 7.1

1. $B=45^\circ$

2. $b=\sqrt{3}-1$

3. $c=\arcsin\dfrac{2\sqrt{2}}{3}$或$\pi-\arcsin\dfrac{2\sqrt{2}}{3}$

4. 设$\dfrac{a}{\sin A}=\dfrac{b}{\sin B}=\dfrac{c}{\sin C}=x(x>0)$,有

$$a=x\sin A,\quad b=x\sin B,\quad c=x\sin C,$$

所以$a^2+b^2=(x\sin A)^2+(x\sin B)^2=x^2(\sin^2 A+\sin^2 B)=x^2\sin^2 C=(x\sin C)^2=C^2$,

由勾股定理得:$\triangle ABC$是直角三角形.

## 课堂练习 7.2

1. $C=120°$

2. $2\sqrt{13}$

3. 由$a\cos A=b\cos B$,有

$$a\times\frac{b^2+c^2-a^2}{2bc}=b\times\frac{a^2+c^2-b^2}{2ac},$$

于是
$$a^2b^2+a^2c^2-a^4=a^2b^2+b^2c^2-b^4,$$

所以
$$a^2c^2-a^4-b^2c^2+b^4=0,$$
$$(a^2-b^2)(c^2-a^2-b^2)=0.$$

即$a=b$　或　$c^2=a^2+b^2$.

故$\triangle ABC$是等腰三角形或直角三角形.

## 习题 7.2

1. $120°$

2. $\sqrt{19}$

3. 由$2B=A+C$及$A+B+C=180°$,得$B=60°$.

由余弦定理:$b^2=a^2+c^2-2ac\cos B=a^2+c^2-ac$

又$b^2=ac$,有:$ac=a^2+c^2-ac$,

于是$(a-c)^2=0$,即$a=c$.

从而$A=C=60°$.

故$\triangle ABC$是等边三角形.

## 复习题 7

1. 选择题

(1) B　(2) B　(3) C　(4) A　(5) C

2. 填空题

(1) 5∶7∶8　(2) $\left(0,\dfrac{\pi}{2}\right)$

3. 解答题

由$\sin A=2\sin B\cos C$知$\dfrac{a}{2R}=2\times\dfrac{b}{2R}\times\dfrac{a^2+b^2-c^2}{2ab}$,

所以：$b=c$，即$\triangle ABC$是等腰三角形.

又由 $\sin^2 A=\sin^2 B+\sin^2 C$ 知$\left(\frac{a}{2R}\right)^2=\left(\frac{b}{2R}\right)^2+\left(\frac{c}{2R}\right)^2$，

所以：$a^2=b^2+c^2$，即$\triangle ABC$是直角三角形.

故$\triangle ABC$是等腰直角三角形.

# 第 8 章　平面向量

## 课堂练习 8.1

1. 向量 $\boldsymbol{AB}$ 的长度为$|\boldsymbol{AB}|$，向量 $\boldsymbol{BA}$ 的长度为$|\boldsymbol{BA}|$

而$|\boldsymbol{AB}|=|\boldsymbol{BA}|$，则 $\boldsymbol{AB}=-\boldsymbol{BA}$

2. ①，②，⑤

## 习题 8.1

1. 与 $\boldsymbol{DE}$ 相等的向量为 $\boldsymbol{AF}$ 和 $\boldsymbol{FC}$；

与 $\boldsymbol{EF}$ 相等的向量为 $\boldsymbol{BD}$ 和 $\boldsymbol{DA}$；

与 $\boldsymbol{FD}$ 相等的向量为 $\boldsymbol{CE}$ 和 $\boldsymbol{EB}$.

2. $-7$；$-2$；4

## 课堂练习 8.2

1. (1) 连结 $AC$，则 $\boldsymbol{AC}=\boldsymbol{a}+\boldsymbol{b}$

(2) 以 $A$ 为起点作 $\boldsymbol{AD}=\boldsymbol{b}$，连结 $DA$，则 $\boldsymbol{DB}=\boldsymbol{a}-\boldsymbol{b}$.

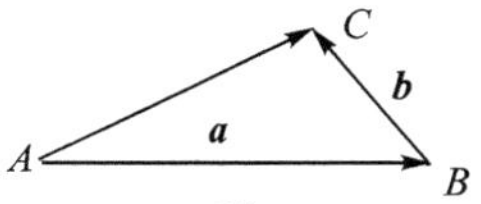

(1)

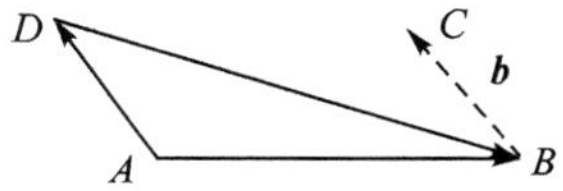

(2)

2. $\boldsymbol{0}$

3. 船实际航行速度大小为 4 km/h，方向与流速间的夹角为 60°

## 习题 8.2

1. (1) $\boldsymbol{AC}$　　(2) $\boldsymbol{0}$　　(3) $\boldsymbol{CB}$　　(4) $\boldsymbol{0}$

2. 2

3. $\boldsymbol{a}-\boldsymbol{b}+\boldsymbol{c}$

## 课堂练习 8.3

1. $\frac{3}{5}$；$-\frac{2}{5}$

2. (1) $\boldsymbol{b}=-2\boldsymbol{a}$，$\boldsymbol{a}$ 与 $\boldsymbol{b}$ 共线　　(2) $\boldsymbol{b}=-3\boldsymbol{a}$，$\boldsymbol{a}$ 与 $\boldsymbol{b}$ 共线.

3. (1) $-2\boldsymbol{a}-2\boldsymbol{b}$ (2) $2\boldsymbol{a}-8\boldsymbol{b}+2\boldsymbol{c}$ (3) $\frac{7}{12}\boldsymbol{a}-\frac{11}{12}\boldsymbol{b}$

## 习题 8.3

1. (1) $-\frac{1}{2}\boldsymbol{a}$ (2) $2y\boldsymbol{a}-2\times\boldsymbol{b}$

2. $\boldsymbol{a}+\boldsymbol{b}=3\boldsymbol{e}_1$, $\boldsymbol{a}-\boldsymbol{b}=\boldsymbol{e}_1+2\boldsymbol{e}_2$, $2\boldsymbol{a}-3\boldsymbol{b}=\boldsymbol{e}_1+5\boldsymbol{e}_2$

3. 有 $\boldsymbol{a}=\frac{7}{9}\boldsymbol{b}$,所以 $\boldsymbol{a}$ 与 $\boldsymbol{b}$ 共线.

4. $-8$

## 课堂练习 8.4

1. (1) $\boldsymbol{a}+\boldsymbol{b}=(7,-1)$ ,$\boldsymbol{a}-\boldsymbol{b}=(1,-3)$ ;
(1) $\boldsymbol{a}+\boldsymbol{b}=(5,5)$ ,$\boldsymbol{a}-\boldsymbol{b}=(1,3)$.
2. $3\boldsymbol{a}+2\boldsymbol{b}=(1,6)$,$2\boldsymbol{a}-3\boldsymbol{b}=(5,4)$
3. (1) $\boldsymbol{AB}=(4,5)$,$\boldsymbol{BA}=(-4,-5)$
(2) $\boldsymbol{AB}=(2,3)$,$\boldsymbol{BA}=(-2,-3)$
4. 略

## 习题 8.4

1. $(1,5)$
2. 略
3. $\boldsymbol{a}=(-3,4)$,$\boldsymbol{b}=(5,-12)$
4. $x=-4$,$y=\frac{3}{2}$
5. $(6,-8)$或$(-6,8)$

## 课堂练习 8.5

1. 6
2. $135^\circ$
3. $\boldsymbol{a}\cdot\boldsymbol{b}<0$ 时,$\triangle ABC$ 是钝角三角形;$\boldsymbol{a}\cdot\boldsymbol{b}=0$ 时,$\triangle ABC$ 是直角三角形.

## 习题 8.5

1. ① $\boldsymbol{a}//\boldsymbol{b}$,当 $\theta=0^\circ$时,$\boldsymbol{a}\cdot\boldsymbol{b}=20$;当 $\theta=180^\circ$时,$\boldsymbol{a}\cdot\boldsymbol{b}=-20$.
② $\boldsymbol{a}\perp\boldsymbol{b}$ 时,$\boldsymbol{a}\cdot\boldsymbol{b}=0$.
③ $\boldsymbol{a}$ 与 $\boldsymbol{b}$ 的夹角是 $60^\circ$时,$\boldsymbol{a}\cdot\boldsymbol{b}=10$.

2. $\theta=\frac{2}{3}\pi$

3. (1) $\boldsymbol{a}\cdot\boldsymbol{b}=12$ (2) $\boldsymbol{a}^2=36$,$\boldsymbol{b}^2=16$

4. (1) $\boldsymbol{a}\cdot\boldsymbol{b}=-3$ (2) $\boldsymbol{a}^2-\boldsymbol{b}^2=-5$ (3) $(2\boldsymbol{a}-\boldsymbol{b})(\boldsymbol{a}+3\boldsymbol{b})=-34$ (4) $|\boldsymbol{a}+\boldsymbol{b}|=\sqrt{7}$

(5) $|\boldsymbol{a}-\boldsymbol{b}|=\sqrt{19}$.

## 课堂练习 8.6

1. $\boldsymbol{a}\cdot\boldsymbol{b}=-16$，$|\boldsymbol{a}|=5$，$|\boldsymbol{b}|=13$.
2. $\boldsymbol{a}\cdot\boldsymbol{b}=7$；$(\boldsymbol{a}+\boldsymbol{b})(\boldsymbol{a}-\boldsymbol{b})=8$；$\boldsymbol{a}(\boldsymbol{b}+\boldsymbol{c})=15$；$(\boldsymbol{a}+\boldsymbol{b})^2=32$
3. 略

## 习题 8.6

1. 83
2. $(-4,-4)$
3. $\left(-\frac{3}{5}\sqrt{3},-\frac{6}{5}\sqrt{3}\right)$或$\left(\frac{3}{5}\sqrt{3},\frac{6}{5}\sqrt{3}\right)$.
4. $\boldsymbol{b}=\left(2,-\frac{8}{3}\right)$，$\boldsymbol{c}=\left(2,\frac{3}{2}\right)$，$\boldsymbol{b}\cdot\boldsymbol{c}=0$，$\boldsymbol{b}$ 和 $\boldsymbol{c}$ 的夹角为 $90°$.

## 复习题 8

1. 选择题

(1) D　(2) C　(3) B　(4) D　(5) B　(6) C　(7) A　(8) D

(9) B　(10) C

2. 填空题

(1) 0 或 2　(2) $(-6,2)$　(3) 2　(4) $-20$　(5) $-5$

3. 解答题

(1) $-8$　(2) $(1,5)$　(3) 1

(4) ① 由 $\boldsymbol{a}\perp\boldsymbol{b}$，有 $\sin\theta+\cos\theta=0$，即 $\tan\theta=-1$. 又 $-\frac{\pi}{2}<\theta<\frac{\pi}{2}$，有 $\theta=-\frac{\pi}{4}$

② $|\boldsymbol{a}+\boldsymbol{b}|=\sqrt{(\sin\theta+1)^2+(\cos\theta+1)^2}=\sqrt{3+2(\sin\theta+\cos\theta)}=\sqrt{3+2\sqrt{2}\sin\left(\theta+\frac{\pi}{4}\right)}$

由 $-\frac{\pi}{2}<\theta<\frac{\pi}{2}$，有 $-\frac{\pi}{4}<\theta+\frac{\pi}{4}<\frac{3}{4}\pi$

当 $\theta+\frac{\pi}{4}=\frac{\pi}{2}$，即 $\theta=\frac{\pi}{4}$ 时，$|\boldsymbol{a}+\boldsymbol{b}|_{最大}=\sqrt{3+2\sqrt{2}}=\sqrt{(\sqrt{2}+1)^2}=\sqrt{2}+1$.

## 本册自测题 1

1. 选择题

(1) D　(2) A　(3) C　(4) C　(5) D　(6) C　(7) C　(8) D

(9) B　(10) C　(11) C　(12) A

2. 填空题

(1) $\{-2\}$　(2) $\{x|0\leqslant x<1\}$或$[0,1)$　(3) $\frac{1}{3}x^2-3x$　(4) 1

(5) 1　(6) 13

3. 解答题

(1) $a=0$ 时 $b=1$;$a=\frac{1}{4}$时 $b=\frac{1}{2}$.

(2) ① $f(x)=-\frac{1}{2}x^2+x-3$　　② 值域为$(-\infty,-\frac{5}{2}]$

(3) 略

(4) ① $(-\infty,+\infty)$或 $\mathbf{R}$　② $f(0)=1,f(1)=2,f(2)=-1$　③ 略

(5) ① 可得$\frac{1}{S_n}-\frac{1}{S_n-1}=2(n\geqslant 2)$,则$\left\{\frac{1}{S_n}\right\}$是等差数列.

② 可得 $S_1=a_1=1,S_n=\frac{1}{2_{n-1}}$,有 $a_n=\begin{cases}1 & n=1\\ \frac{-2}{(2n-1)(2n-3)} & n\geqslant 2\end{cases}$

## 本册自测题 2

1. 选择题

(1) B　(2) A　(3) C　(4) D　(5) B　(6) D　(7) B　(8) C

(9) A　(10) C

2. 填空题

(1) $\pm\frac{4}{5}$　(2) $-1$　(3) $\frac{\pi}{3}$和$-\frac{\pi}{6}$　(4) 13　(5) 19

3. 解答题

(1) $[-2\sqrt{3},2\sqrt{3}]$

(2) $\frac{5}{6}\pi$

(3) ① $-\frac{\sqrt{2}}{10}$　② $\lambda_1=-\frac{23}{7},\lambda_2=\frac{3}{7}$

(4) 等边三角形

# 参考文献


[1] 杜吉佩，李广全. 高等数学[M]. 北京：高等教育出版社，2005.

[2] 柳金甫，王义东. 概率论与数理统计(经管类)[M]. 武汉：武汉大学出版社，2006.

[3] 人民教育出版社中学数学室. 数学：第三册(下 B)[M]. 北京：人民教育出版社，2007.

[4] 周孝康，刘秀红. 高等数学[M]. 北京：北京师范大学出版社，2007.

[5] 李广全，李尚志. 数学：基础模块(上册)[M]. 北京：高等教育出版社，2009.

[6] 孙成茎. 数学：理工农医类[M]. 16 版. 北京：高等教育出版社，2012.

[7] 李彪，刘毛生. 基础数学[M]. 北京：航空工业出版社，2015.